陳大達（筆名：小瑞老師）●著（飛行原理）

航空工程
概論與解析

作者序

一、在目前經濟不景氣的情況下，大學畢業學生薪資大概只有 22K，甚至更低。產業外流導致失業率高、無薪假的趨勢走向偏高以及大量與無預警式的裁員，造成就業學子的茫然，證照與學歷已不再是未來工作的保障，許多學生，紛紛轉投到軍公教的行列之中。

二、一般人都以為軍公教是鐵飯碗，但是國家大量裁軍、國防政策錯誤以及其他種種因素造成軍人的尊嚴與工作無法獲得保障，而社會的「少子化」造成流浪教師逐年升高；目前以公務人員的工作最穩定。

三、目前航空學校甚多，但證照考試分飛丙、飛乙、CAA 以及 FAA 等，飛丙證照由於獲得證照的人數太多，對求職幾乎是沒有任何幫助。但是飛乙、CAA 以及 FAA 等證照考到的機會比考公職考試還難，而且 CAA 與 FAA 單是受訓就要二、三十萬，結訓出來還不一定找到工作。

四、經過調查，民航特考所錄取的公職人員待遇遠較一般的公職人員高，而且由於其考試科目與特質的關係，文科學生只要掌握飛行原理與空氣動力學（二選一）之外，甚至錄取率比理科學生高。

五、目前坊間民航特考考試叢（套）書均註明缺空氣動力學與飛行原理的考試用書，且因民航特考的考題並未公布答案。因此作者結合民航考題利用簡明的文字描述飛行的各種原理、飛機結構的運用以及飛行現象的解釋，並針對文科學生相關數理觀念缺乏的部份做重點加強與解釋。

六、本書能夠出版首先感謝本人父母陳光明先生與陳美鸞女士的大力栽培，內人高瓊瑞小姐在撰稿期間諸多的協助與鼓勵。除此之外，承蒙秀威資訊科技股份有限公司惠予出版以及黃姣潔小姐的細心編排，在此一併致謝。

民航特考介紹

一、考試等別、類科組及暫定需用名額：

　　公務人員特種考試民航人員考試：

1. 考試等別：三等考試及四等考試。

2. 科別及暫定需用名額：民航特考三等設飛航管制、飛航諮詢、航空通信及航務管理等四個科別，四等設飛航諮詢、航空通信及航務管理等三個科別。

　　暫定需用名額得視考試成績及用人需要，擇優增減錄取。用人機關如有臨時用人需要，於典試委員會決定錄取標準前，經考試院核定，得增加需用名額。

二、考試日期：

1. 第一試：預計於每年 9 月左右招考

　　　　　惟考試日期得視外語口試應考人數及試場設置情形需要予以延長。

2. 第二試：預計於每年 12 月左右舉行，實際日期須視典試委員會決議而定。

三、考試地點：僅設臺北考區。

四、其餘考試相關規定依「公務人員特種考試民航人員考試規則」之規定辦理。

五、報名有關規定事項：

（一）**報名日期：預計於每年 6 月中下旬報名。**

（二）**報名方式：**民航特考一律採網路報名，應考人請以電腦登入考選部全球資訊網，應考人進入前項系統登錄報名資料完成後務必下載列印報名書表，連同應考資格證明文件及繳款證明等，以掛號郵寄至指定地點。

六、應考人為身心障礙者、原住民、後備軍人或低收入戶、特殊境遇家庭，
　　應繳規費予以減半優待。

【分發單位】

　　民航特考順利考取後，主要分發單位為交通部民航局所屬單位。民航局目前共設有十六個航空站管轄機場業務，包括由民航局直接督導之高雄國際航空站、臺北國際航空站、花蓮航空站、馬公航空站、臺南航空站、臺東航空站、金門航空站、臺中航空站及嘉義航空站等九個航空站，以及由臺北國際航空站督導之北竿航空站與南竿航空站、高雄國際航空站督導之恆春航空站、馬公航空站督導之望安航空站與七美航空站、臺東航空站督導之綠島航空站與蘭嶼航空站。**並不是依照居住地分發，有可能分發到其他縣市的單位。**

【薪資待遇】

　　公務人員的福利相當的優渥，除了穩定的調薪制度，亦可以透過升等考試向上爭取升遷的機會之外，另外還有子女教育補助、婚喪生育補助、急難貸款、公教人員優惠儲蓄存款、購置住宅輔助貸款，年終獎金和本人及眷屬公保及各項津貼等，此外若是進修還可以申請留職停薪等福利。此外，更令人羨慕的是，還有一筆退休金，一般而言，領退休金，每月大概可以領八成薪左右，活的越久，領的越多。近幾年民航特考皆以招考三等為主，受訓期間薪資通常以「委任四職等」給薪，大約三至四萬多，等通過訓練取得合格公務人員資格後，比照「薦任六職等」給薪，基本薪資+工作加給約五萬多左右，其餘還有獎金或加班費等福利。

contents 目次

第一章

飛航基本觀念

飛行原理這門科目主要是針對飛機飛行時的性質變化與各種現象發生的原因進行探討，然而由於多數的學生因為對飛機的基礎觀念與流體性質沒有正確的認知，以致於雖然耗費了許多時間研讀，卻一直無法入門，造成事倍功半的情形，最後就興趣缺缺，甚至直接放棄，因此本書在本章將先針對「飛機的基礎觀念」與「流體性質」做一簡單介紹，希望學生在研讀本書前能先對飛機飛行與常用之流體性質有一正確的觀念，方便學生能繼續研讀本書後續內容。本章內容分述如下：

一、飛機基礎觀念

（一）飛機的運動

　　如圖一所示，飛機是三度空間的自由體，所以有六個自由度，簡單來說就是沿三個坐標軸的移動和繞三個坐標軸的轉動。從圖一我們可以看縱軸（Longitudinal axis）、側軸（Lateral axis）與垂直軸（Vertical axis）之定義，而圖一中所謂俯仰（Pitch）是指飛機上下移動，偏航（Yaw）是指飛機左右移動，滾轉（Roll）是指飛機的翻轉運動。

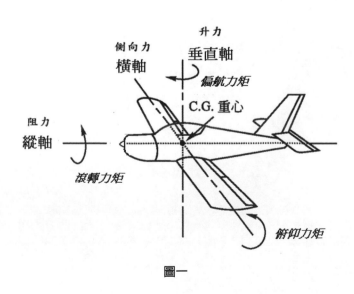

圖一

【範例（民航特考考題）】

就飛行力學的觀點，一架飛機要作六個自由度（degree of freedom）的穩定飛行，請問是那六個自由度？

解答

一、請先繪出圖一再做說明（有些民航考試試題甚至直接要求繪出圖一，因此學生必須要知道圖一如何繪製）。

二、如圖一所示，飛機是三度空間的自由體，所以有六個自由度，簡單來說就是沿著縱軸（Longitudinal axis）、側軸（Lateral axis）以及垂直軸（Vertical axis）三個坐標軸的移動與繞著縱軸、側軸以及垂直軸三個坐標軸的轉動。

【範例（民航特考觀念題）】

試述飛機飛行時，縱軸（Longitudinal axis）、側軸（Lateral axis）與垂直軸（Vertical axis）的意義。

解答

一、請先繪出圖一再做說明。

二、（1）縱軸：所謂縱軸是指飛機從機頭至機尾所形成的直線。

（2）側軸：所謂側軸是指飛機從左翼尖穿過機身到右翼尖所形成的直線。

（3）垂直軸：所謂垂直軸是指通過飛機重心與飛機成垂直的直線。

【範例（民航特考觀念題）】

試從六個自由度的觀點，列舉飛機飛行時所受之三力與三力矩。

　　從六個自由度的觀點，飛機飛行時所受之三力為升力（Lift force）、阻力（Drag force）以及側向力（Side force），而三力矩為滾轉力矩（Rolling moment）、俯仰力矩（Pitching moment）以及偏航力矩（Yawing moment）。

　　PS：此題與民航特考考題「飛機飛行時所受的力」不一樣，請同學要切記。

【範例（民航特考觀念題）】

　　試說明所謂俯仰（Pitch）、偏航（Yaw）以及滾轉（Roll）之意義。

　　所謂俯仰（Pitch）是指飛機上下移動；偏航（Yaw）是指飛機左右移動；滾轉（Roll）是指飛機的翻轉運動。

【範例（民航特考觀念題）】

　　試說明所謂滾轉力矩（Rolling moment）、俯仰力矩（Pitching moment）以及偏航力矩（Yawing moment）之意義。

　　所謂滾轉力矩（Rolling moment）是繞著縱軸（Longitudinal axis）旋轉的力矩；俯仰力矩（Pitching moment）是繞著側軸（Lateral axis）旋轉的力矩；偏航力矩（Yawing moment）是繞著垂直軸（Vertical axis）旋轉的力矩。

（二）飛機的機體結構

如圖二所示

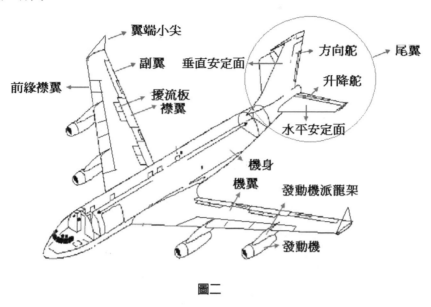

圖二

飛機的機體結構通常是由機翼、機身、尾翼和起落架以及發動機所組成。各部份的功能概述如下：

1. **機翼**：機翼是飛機產生升力的部件，機翼後緣有可操縱的活動面，**靠外側的叫做副翼，用於控制飛機的滾轉運動，靠內側的則是襟翼，用於增加起飛著陸階段的升力。**機翼內部通常安裝油箱，機翼下面則可供掛載副油箱和武器等附加設備。有些飛機的發動機和起落架也被安裝在機翼下方，機翼下面用來安裝副油箱、武器及發動機的裝置，我們稱之為**派龍（pylon）**。

2. **機身**：機身的主要功用是裝載人員、貨物、設備、燃料和武器等，也是飛機其他結構部件的安裝基礎，將尾翼、機翼及發動機等連接成一個整體。

3. **尾翼**：尾翼是用來平衡、穩定和操縱飛機飛行姿態的部件，通常包括垂直尾翼（垂尾）和水平尾翼（平尾）兩部分。垂直尾翼由固定的垂直安定面和安裝在其後部的方向舵組成，水平尾翼由固定的水平安定面和安裝在其後部的升降舵組成，一些型號的飛機升降舵由全動式水平尾翼代替。**方向舵用於控制飛機的偏航（航向）運動，升降舵用於控制飛機的俯仰運動。**

PS1：駕駛艙操控裝置一般為如下形式：

　　1.控制桿：或者一個控制曲柄，固連在一根圓柱上，通過操縱副翼和升降舵控制飛機的滾轉和俯仰。

　　2.方向舵踏板控制飛機的偏航。

PS2：在某些採用電傳操縱系統的固定翼機上，駕駛桿或駕駛盤已經被簡化成位於駕駛員側方的操縱桿（sidestick），也稱為「側桿」。

4. **起落架**：起落架是用來支撐飛機停放、滑行、起飛和著陸滑跑的部件，由支柱、緩衝器、剎車裝置、機輪和收放機構組成。

5. **航空發動機**：民航機的動力裝置的核心是航空發動機，主要功能是用來產生或推力克服與空氣相對運動時產生的阻力使飛機起飛與前進，一般的民航機所採用的發動機大抵可分為渦輪噴射發動機、渦輪螺旋槳發動機以及渦輪風扇發動機三種。

【範例（民航特考考題）】

　　就飛行力學的觀點，飛機的俯仰（Pitch）、偏航（Yaw）以及滾轉（Roll）運動是由飛機的那一個部份控制。

解答

一、飛機的俯仰（Pitch）運動主要是由升降舵控制。

二、飛機的偏航（Yaw）運動主要是由方向舵控制。

三、飛機的滾轉（Roll）運動主要是由副翼控制。

（三）飛機的配平

1. 所謂配平（Trim）就是利用裝置對操作面（副翼、升降舵、方向舵）進行微調，來穩定航機的姿態及航向的功能，這樣可以降低飛行員調整或保持希望的飛行姿態所需的力量。

2. 根據 JANE'S Aerospace Dictionary 對 trim 的解釋：若飛機作穩定飛行時，它的配平條件是飛機對飛機重心的全部殘餘力矩等於零的情況。飛機在巡航時處於平衡（配平，trim）狀態，此時升力等於重力，推力等於阻力，合力矩為零，此時飛機以等速、等高度的直線飛行。

3. 如果飛機飛行時未滿足配平條件，則該飛機可能會產生俯仰（Pitch）、翻滾（Roll）或偏航（Yaw）的情況，此時就需要靠飛機配平（Trim）加以修正。

【範例（民航特考考題）】

何謂配平（Trim）。

解答

所謂配平（Trim）就是利用裝置對控制面進行微調，藉以穩定航機的姿態及航向的功能，以降低飛行員操縱飛機時的負擔。

【範例（民航特考考題）】

所謂配平（Trim）條件為何？

解答

飛機作穩定飛行時，它的配平條件是飛機對飛機重心的合力與合力矩均等於零。

【範例（民航特考考題）】

若飛機不能滿足配平（Trim）條件，會發生什麼情形？如何解決？

解答

若飛機不能滿足配平（Trim）條件，則該飛機可能會產生俯仰（Pitch）、翻滾（Roll）或偏航（Yaw）的情況，此時就需要靠飛機配平（Trim）加以修正。

二、流體性質

　　飛機飛行的工作流體為空氣，我們要了解飛機飛行時的性質變化情形，首先必須知道流體與各種流體性質的定義，茲分述如下：

（一）流體的定義

　　一般而言，我們都知道物體有三態：固態、液態及氣態，其中液體及氣體合稱為流體。在空氣動力學與流體力學，我們對流體的定義是針對流體受到剪應力所產生的現象來加以定義。流體在受剪力作用時，不論剪力多小，都會發生連續性的永久變形，且剪力撤除後也不會恢復原狀。**因此，流體被定義為一種受了剪應力時即發生連續且永久性變形的物體；而此連續變形的過程即稱為流動。**

（二）流體的黏滯性

　　流體在流經飛機時，會產生一阻滯飛機運動的力，我們稱之為流體的黏滯性。流體的黏滯性對飛機的運動關係就好像固體在地面運動時，摩擦力與物體運動的關係。

【範例（民航特考觀念題）】

　　請問飛機在靜止時是否有黏滯性？

> 解答

　　所謂黏滯性是指物體在流體中運動時，流體會產生一阻滯物體運動的力，我們稱之為黏滯性。靜止的飛機因為沒有運動，所以沒有黏滯性。

【範例（民航特考觀念題）】

請問飛機在巡航時是否有黏滯性。

解答

所謂黏滯性是指物體在流體中運動時，流體會產生一阻滯物體運動的力，飛機巡航是指飛機在等高度與等速度飛行，既然有等速度運動，當然會有黏滯力發生。

（三）質量（m）

衡量物體所具有的惰性效應的物理量。其公式定義如下：

$m = \dfrac{W}{g}$；在此 W 為重量，g 為重力加速度。

【範例（觀念題）】

若一物體的質量為 $100\,kg$，請問其重量為何？

解答

因為地球的重力加速度 $g = 9.81m/s^2$，所以該物體的重量 $W = mg = 981N$

【範例（觀念題）】

若月球的重力加速度 $g = 1.62m/s^2$，請問質量為 $100\,kg$ 的物體，在月球的重為何？

解答

$W = mg = 162N$

PS：從本題中，我們可以看出相同質量的物體，在地球的重量大約是月球的 **6** 倍。

（四）密度（ρ）

為單位體積內的質量。其公式定義如下：

$$\rho \equiv \frac{m}{V}$$；在此 m 為質量，V 為體積。

從上述的關係式，我們可以得出 $m = \rho V$。

PS1： 液體的密度受溫度或壓力的影響並不顯著；但氣體則相當明顯。通常在飛行原理或空氣動力學的計算中，我們是用理想氣體方程式或質流率的公式求出空氣的密度。

PS2： 水的密度一般視為 $1000kg / m^3$。

【範例（民航特考觀念題）】

為何我們通常把液體的密度視為常數？

解答

因為液體的密度受溫度或壓力的影響並不顯著，所以我們通常把液體的密度視為常數。

（五）比容（v）

為單位質量內的體積，其公式定義如下：

$$v \equiv \frac{V}{m}$$

從上述的關係式，我們可以得出 $v = \dfrac{1}{\rho}$ ； $m = \dfrac{V}{v}$。

【範例（民航特考觀念題）】

試說明密度 ρ、體積 V、比容 v 與重量 W 之間的關係。

因為 W=mg，又 $m = \rho V = \dfrac{V}{v}$，所以 $W = \rho V g = \dfrac{V}{v} g$。

【範例（民航特考觀念題）】

試說明密度 ρ、比容 v 與質量 m 彼此間的關係。

解答

一、因為 $\rho = \dfrac{m}{V}$ ； $v = \dfrac{V}{m}$，所以 $\rho = \dfrac{1}{v}$ 或 $v = \dfrac{1}{\rho}$。

二、因為 $\rho = \dfrac{m}{V}$ ； $v = \dfrac{V}{m}$，所以 $m = \rho V = \dfrac{V}{v}$。

（六）單位重量（specific weight）γ

單位體積內的重量，其公式定義如下：

$$\gamma \equiv \rho g$$

PS：水在一大氣壓，$4^0 C$ 的情況下，單位重量為 $9810 N / m^3$。

（七）比重 S（specific gravity）

為某一物質的密度與 4°C 時的水的密度的比值。

$$S \equiv \frac{\rho}{\rho_{Water;4^0 c}}$$

PS1：若液體的比重＜1，則液體會漂浮在水上。例如：油。

PS2：水在一大氣壓，$4^0 C$ 的情況下，密度為 $1000 kg / m^3$。

【範例（觀念題）】

若一液體的體積為 $3m^3$，質量為 $2850kg$，求（1）密度，（2）單位重量，（3）比重，並請判定該液體置於水中是否會浮在水面。

解答

一、

（1）密度：

$$\rho = \frac{m}{V} = \frac{2850\,kg}{3m^3} = 950\ {kg}\!\Big/\!{m^3}$$

（2）單位重量：

$$\gamma = \rho g = 950 \times 9.81 = 9319.5\ {N}\!\Big/\!{m^3}$$

（3）比重：

$$S = \frac{\rho}{\rho_{Water\,;4^0 c}} = \frac{950}{1000} = 0.95[\text{無單位}]$$

二、液體的比重＜1，則該液體若置於水中會浮在水面上。

（八）壓力（P）

為單位面積上的所受到的正向力（垂直力）。

1. **壓力所使用的單位有 N/m^2 或 Pa（pascal）（公制）**

   psi（pound/inch^2）或 lb/ft^2（pound/foot^2）（英制）

2. **絕對壓力與相對壓力介紹**

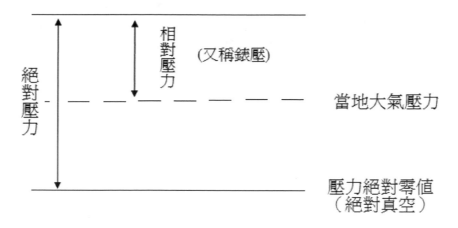

絕對壓力與相對壓力的關係圖

圖三

如圖三所示，流體壓力的量度方式有

（1） **絕對壓力：**以壓力絕對零值（絕對真空）為基準所量度的壓力。

（2） **相對壓力：**以當地（local）的大氣壓力為基準所量度的壓力。或稱錶示壓力（gage pressure）。

從上可知，絕對壓力與相對壓力之間的轉換關係為

$$P_{絕對壓力} = P_{大氣壓力} + P_{錶示壓力}$$

（3） **參考資料（海平面的壓力值）：** $P_0 = 1.01325 \times 10^5 \, N/m^2 (P_a) = 2116.2 lb/ft^2$

【範例（民航特考觀念題）】

試述絕對壓力 P_{abs} 與錶壓（ P_g 或可寫為 P_{gage} ）間的轉換關係式。

解答

$P_{abs} = P_{atm} + P_g$ ；在此 P_{atm} 為當時的大氣壓力。

PS：通常在飛行原理或空氣動力學的計算中，使用公式用的壓力都是絕對壓力，同學必須特別注意。

第一章　飛航基本觀念

【範例（民航特考觀念題）】

若絕對壓力 225KPa，而當時的大氣壓力 P_{atm} 為 101KPa，試求錶示壓力 P_g。

解答

因為 $P_{abs} = P_{atm} + P_g \Rightarrow P_g = P_{abs} - P_{atm}$，所以錶示壓力

$P_g = 225KPa - 101KPa = 124KPa$

【範例（民航特考觀念題）】

若大氣壓力 P_{atm} 為 98KPa，而壓力表讀數 2.25KPa，試求絕對壓力 P_{abs}。

解答

因為 $P_{abs} = P_{atm} + P_g$，所以絕對壓力 $P_{abs} = 98KPa + 2.25KPa = 100.25KPa$。

（九）溫度（T）

用以衡量物體冷熱程度的特性參數。

1. 常用的溫度量測單位有攝氏溫度（Celsius, ^0C）與華氏溫度（Fahrenheit, ^0F），

   攝氏溫度與華氏溫度的關係為 $^0F = \dfrac{9}{5} \times {}^0C + 32$

2. 絕對溫度與攝氏溫度和與華氏溫度的轉換關係為

   Kelvin scale（K，一般不寫 ^0K）

   $K = {}^0C + 273.15$

   Rankine scale（°R）

   $^0R = {}^0F + 459.67$

【範例（民航特考觀念題）】

若大氣溫度為 25^0C，試轉換為華氏溫度（^0F）、凱氏溫度（K）以及朗氏溫度（^0R）。

解答

一、因為 $^0F = \dfrac{9}{5} \times {}^0C + 32$，所以華氏溫度為 $\dfrac{9}{5} \times {}^0C + 32 = 77^0F$

二、因為 $K = {}^0C + 273.15$，所以凱氏溫度為 $K = {}^0C + 273.15 = 298.15K$

三、因為 $^0R = {}^0F + 459.67$，所以朗氏溫度為 $^0R = {}^0F + 459.67 = 77 + 536.67^0R$

 PS：通常在飛行原理或空氣動力學的計算中，使用公式用的溫度都是絕對溫度（也就是 K 與 ^0R），同學必須特別注意。

（十）牛頓流體

在定溫及定壓下，剪應力與流體之速度梯度成正比之流體；也就是滿足牛頓黏滯定律（$\tau = \mu \dfrac{du}{dy}$）之流體，在此，$\tau$ 為剪應力，$\dfrac{du}{dy}$ 為速度梯度。**在飛行原理或空氣動力學的計算中，我們在討論飛機飛行運動時，都將空氣視為牛頓流體，在此介紹兩個物理參數。**

1. 絕對黏度：$\tau = \mu \dfrac{dV}{dy}$，$\mu$ 稱之為絕對黏度（或稱動力黏度）

2. 運動黏度：$\nu = \dfrac{\mu}{\rho}$，ν 即為運動黏度。

（十一）馬赫數

馬赫數 $M_a \equiv \dfrac{V}{a}$ ，在此 V 代表的是速度，a 代表的是聲（音）速。

PS：「次音速流（Subsonic flow）、穿音速流（Transonic flow）與超音速流（Supersonic flow）」的意義是以馬赫數來做分類（此一觀念我們會在後面章節詳細解釋），此觀念在空氣動力學與飛機飛行都非常重要，所以在民航考試中衍生了無數的相關考題，說是民航考試的考試主題之一也不為過。

（十二）雷諾數的定義

$$R_e \equiv \frac{\rho V L}{\mu} \equiv \frac{V L}{\upsilon}$$

三、帕斯卡原理（千斤頂＆飛機液壓的原理）

對密閉容器施加壓力，壓力會傳遞到容器的每一個位置，且不論任何方向，壓力都相同。

千斤頂之應用

如圖四所示，若不考慮 B, C 點之高度差所造成的壓力 $\triangle p$，則 F_B、F_C、A_B 與 A_C 之關係

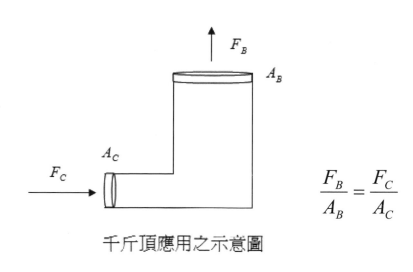

$$\frac{F_B}{A_B} = \frac{F_C}{A_C}$$

千斤頂應用之示意圖

圖四

【範例（民航特考觀念題）】

如圖四所示，若不考慮 B, C 點之高度差所造成的壓力 $\triangle p$，$F_B = 1000N$、$A_B = 10m^2$、$A_C = 1m^2$，試求 $F_C = ?$

解答

因為 $\dfrac{F_B}{A_B} = \dfrac{F_C}{A_C}$，所以 $\dfrac{F_B}{F_C} = \dfrac{A_B}{A_C} \Rightarrow F_C = F_B \times \dfrac{A_C}{A_B} = 1000N \times \dfrac{1m^2}{10m^2} = 100N$

PS：我們可以從範例中可以看出，利用圖四的裝置，我們可用 $100N$ 舉起 $1000N$ 的重物，這也就是千斤頂省力的原理。

四、流線、煙線、跡線及時線之定義

　　這個部份是民航特考常考的觀念題,請考生特別注意其定義。除此之外,由於各書翻譯不一,請考生必須注意中英文對照。

(一)流線(stream line)

　　在流線的每一點的切線方向,為流體分子的速度方向。

(二)煙線(streak line)

　　流經特定位置的所有質點所形成的軌跡線。

(三)跡線(path line)

　　某一特定質點的真正軌跡。

(四)時線(Time line)

　　同一時間流出的所有質點所形成的軌跡線。

PS1：在穩流狀態下,流線(stream line)、煙線(streak line)以及跡線(path line),三者必合而為一。

PS2：由於「煙線」與「跡線」在坊間書籍與民航考題翻譯多不相同,但民航考題在此二個名詞後都會做刮弧附上英文,應試學生必須注意。

【範例（民航特考考題）】

試述流線（streamline）、煙線（streakline）及跡線（pathline）之定義？試問噴射機在天空留下的飛行雲為何者？在何種狀態下此三種會相同？

> **解答**

一、定義請看本章「四」之描述。

二、噴射機在天空留下的飛行雲為煙線。

三、在穩流狀態下三者合而為一。

【範例（民航特考考題）】

若我們觀察某一隻蒼蠅爬行的軌跡，請問所畫出的線是流線（streamline）、煙線（streakline）及跡線（pathline）中的哪一種？

> **解答**

所謂跡線（pathline）是指某一特定質點的真正軌跡，所以特定蒼蠅爬行的軌跡是屬於跡線。

【範例（民航特考衍生考題）】

若我們將同一時間通過某一停車場的車子位置畫成一條線，請問此一位置線為流線（streamline）、煙線（streakline）、跡線（pathline）及時線（Time line）中的那一種？

> **解答**

所謂時線（Time line）是指同一時間流出的所有質點所形成的軌跡線。所以此一位置是屬於時線。

【範例（民航特考衍生考題）】

　　若我們將通過某一停車場的車子位置畫成一條線，請問此一位置線為流線（streamline）、煙線（streakline）、跡線（pathline）及時線（Time line）中的那一種？

解答

　　所謂煙線（streakline）是指流經特定位置的所有質點所形成的軌跡線。所以此一位置是屬於煙線。

五、常見單位轉換

項次	物理量	公制	英制	公英制轉換	其他
一	質量	公斤（Kg） 1Kg=1000g	斯拉格（slug）	1slug=14.59Kg 1Kg=0.06854slug	
二	長度	公里&公尺 1Km=1000m 1m=100cm	哩&呎 1mile=5280ft 1ft=12in	1m=3.281ft 1ft=0.3048m	海浬或稱浬（nm）是一種用於航海或航空的長度單位。 1nm=1852m
三	速度	m/s & km/h 1km/h = 0.2778m/s	ft/s & mile/h（mph） 1mph= 1.467 ft/s	1 m/s =3.281 ft/s 1ft/s=0.3048 m/s	節（kt）是一個專用於航海的速率單位，後延伸至航空方面。 1kt= 1 nm/h 　　= 0.5144 m/s 　　=1.852km/h 　　=1.15078mph
四	密度	Kg/m^3	$slug/ft^3$	$1slug/ft^3$= $515.2Kg/m^3$ $1Kg/m^3$=0.001941$slug/ft^3$	
五	溫度	攝氏（℃） 凱氏（K） $K = ℃ + 273.15$	華氏（℃） 朗氏（°R） $°R = °F + 459.67$	$°F = 9/5×℃ + 32$	
六	體積	公升（L） 1L=1000cm^3 　=0.001m^3	加侖（gal）	1gal=3.7854L	
七	力	牛頓（N）	磅（lbf）	1lbf=4.4482N 1N=0.2248lbf	
八	壓力	帕斯卡（Pa）N/m^2	lbf/ft^2	1 lbf/ft^2=47.88 Pa 1 Pa=0.02089 lbf/ft^2	
九	功能量	焦耳（J）N.m	BTU 1BTU=778.2 lbf・ft	1 BTU=1055J 1J=0.0009487 BTU	

第二章

大氣概況

在許多航空學校，這一個章節都略過不教，但就作者整理歷年來民航人員高考或特考的考題，這個部份是非常重要，因為大氣層的特性，會影響飛機飛行的穩定性與安全性；而大氣層的高度、壓力與溫度的變化會造成空氣密度變化，進而影響飛機飛行的升力、推力與阻力，所以被民航人員的出題老師視為重點。

一、對流層與平流層的定義與特色

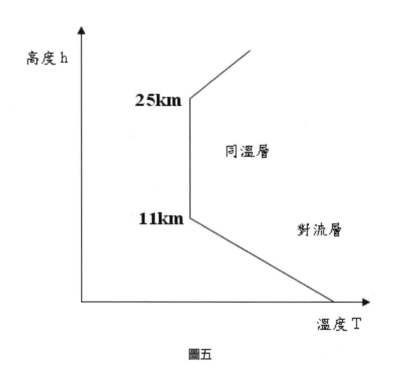

圖五

（一）對流層

1. **定義：**大氣高度與溫度的關係如圖五示意圖所示，對流層是地球大氣層中最靠近地面的一層，也是地球大氣層裡密度最高的一層。其區域範圍是由地表（或海平面）至高度 11 公里（36,250ft）處，在此區域內大氣溫度會隨高度成直線遞減，我們稱此區域為對流層（troposphere, or gradient layer）。

2. **特性**：對流層是大氣層中天氣變化最複雜的一層，它在氣象學上的主要特點有：氣溫隨高度升高而降低；風向和風速經常變化；空氣上下對流劇烈；有雲、雨、霧、雪等天氣現象。

PS：溫度遞減率 $\alpha = -0.0065\ K/m = -0.00356^0 R/ft$

（二）平流層（又稱同溫層）

1. **定義**：如圖五所示，由地表（或海平面）11 公里（36250ft）之高處再向上到差不多 25 公里（82,300ft）處，在此區域內大氣溫度保持不變，我們稱此區域為平流層或同溫層（stratosphere, or isothermal layer）。

2. **特性**：在平流層區域中大氣主要是以水平方向流動，垂直方向上的運動較弱，因此氣流平穩，基本沒有上下對流。

（三）飛機飛行的高度區域

在溫帶地區，商業客機一般會在平流層的底部處巡航飛行。這是為了避開對流層因對流活動而產生的氣流。目前大型客機大多在平流層飛行於此層，其主要原因有：

1. **能見度高**：在平流層內，大氣中所蘊含的水氣、懸浮固體顆粒、雜質等極少，天氣比較晴朗，光線比較好，能見度很高，便於高空飛行。

2. **受力穩定**：在平流層內，氣流的運動主要是以水平方向流動，大氣不對流，飛機在其中受力比較穩定，便於飛行員操縱駕駛。

3. **噪音污染小**：平流層距地面較高，飛機絕大部分時間在其中飛行，對地面的噪音污染相對較小。

4. **安全係數高**：飛鳥飛行的高度一般達不到平流層，飛機在平流層中飛行就比較安全。在起飛和著陸時，要設法驅趕開飛鳥才更為安全。

5. **飛行較省油**：在平流層飛行，空氣密度小，根據阻力公式 $D \equiv \dfrac{1}{2}\rho V^2 C_D S$，飛機在在平流層飛行，阻力較小，因此較省油。

（四）參考參數與性質（海平面的溫度、壓力、密度與重力加速度）

$$T_0 = 216.6K = 289.99^0 R$$

$$P_0 = 1.01325 \times 10^5 N/m^2 (P_a) = 2116.2 lb/ft^2$$

$$\rho_0 = 1.225 kg/m^3 = 0.002377 slug/ft^3$$

$$g_0 = 9.8m/s^2 = 32.17 ft/s^2$$

【範例（民航特考觀念題）】

試述對流層的區域範圍與特性。

解答

一、對流層的區域範圍為地表（或海平面）至高度 11 公里（36,250ft）處。

二、對流層的主要特性是氣溫隨高度升高而降低；風向和風速經常變化；空氣上下對流劇烈，所以商業客機多不在此區飛行，而是一般會在平流層的底部處做巡航飛行。

【範例（民航特考觀念題）】

試述平流層的區域範圍與特性。

解答

一、平流層的區域範圍為由地表（或海平面）11 公里（36250ft）之高處再向上到差不多 25 公里（82,300ft）處。

二、平流層的主要特性是大氣溫度保持不變，氣流平穩，基本沒有上下對流，所以商業客機一般會在在平流層的底部處做巡航飛行。

【範例（民航特考考題）】

試論述為何商業客機多不是在對流層區域飛行，而是在平流層的底部處做巡航飛行。

解答

因為在對流層底部氣流不穩定，目前大型客機大多在平流層的底部處做巡航飛行，其主要原因是因為在此區域飛行有：1.氣流穩定，2.能見度高，3.噪音污染小，4.安全係數高，5.飛行較省油等主要優點。

PS：本題解答只是針對題目做簡答，但是從民航特考歷年考題中，我們可以知道考試時間為二小時，考題最多只有六～七題，因此建議同學們解答時務求詳盡，請同學參閱「對流層與平流層的定義與特色」章節的內容做詳細解答，才有機會在考試中獲得高分。

二、大氣性質計算

在民航人員高考或特考的考題中，在對流層與平流層的溫度、壓力、密度與高度的計算是一個非常重要的部份，同學在做此部份的計算必須掌握三個重點：（一）記熟海平面的溫度、壓力、密度與重力加速度。（二）記熟計算公式。（三）必須分層計算，就算是考題是平流層的溫度、壓力、密度與高度的計算，也必須是從對流層開始算起，然後再以對流層頂部（也就是平流層底部；11km）為基準計算平流層的溫度、壓力、密度。計算公式綜整如下：

大氣溫度、壓力、密度與高度的關係式

	溫度	壓力	密度
對流層 （0～11km）	$T = T_1 + \alpha(h - h_1)$	$\dfrac{P}{P_1} = \left(\dfrac{T}{T_1}\right)^{-\frac{g_0}{\alpha R}}$	$\dfrac{\rho}{\rho_1} = \left(\dfrac{T}{T_1}\right)^{-\left(\frac{g_0}{\alpha R}+1\right)}$
平流層 （11～25km）	T=constant	$\dfrac{P}{P_1} = e^{-\frac{g_0}{RT}(h-h_1)}$	$\dfrac{\rho}{\rho_1} = e^{-\frac{g_0}{RT}(h-h_1)}$

【範例（民航特考考題）】

假設地球大氣的對流層（troposphere, or gradient layer）由地表（或海平面）至高度 11 公里（km）處，而同溫層（stratosphere, or isothermal layer）則由 11 公里至高度 25 公里處。已知海平面的溫度為 288.16K，壓力為 1.01325×10^5 N/m^2，而高度 11 公里處的溫度為 216.66K，且假設氣體常數為 287Nm/kgK。試計算：

一、在同溫層與對流層的溫度隨高度的變化率（lapse rate）為何？

二、在高度為 20 公里處的壓力與空氣密度為何？

一、

（一）對流層的溫度隨高度的變化率（溫度遞減率）為

$$\frac{T_1 - T_0}{h_1 - h_0} = \frac{216.66 - 288.16}{11} = -6.5K/km = -0.0065K/m$$

（二）同溫層由於在此高度區域內大氣溫度保持不變，因此對流層的溫度隨高度的變化率為 0。

二、

（一）因為 $\frac{P_1}{P_0} = \left(\frac{T_1}{T_0}\right)^{-\frac{g}{\alpha R}} = 0.22354$，所以在高度 11 公里時的壓力為

$$P_1 = 0.22354 \times P_0 = 2.265 \times 10^4 \, N/m^2$$

又因為 $\frac{P}{P_1} = e^{-\frac{g}{RT}(h - h_1)}$ 所以在高度 20 公里時的壓力為

$$P = P_1 \times e^{-\frac{g}{RT}(h - h_1)} = 2.265 \times 10^4 \, N/m^2 \times 0.242 = 5.48 \times 10^3 \, N/m^2$$

（二）由於海平面的密度 $\rho_0 = \frac{P_0}{RT_0} = 1.225 kg/m^3$，

又因為 $\frac{\rho_1}{\rho_0} = \left(\frac{T_1}{T_0}\right)^{-(\frac{g}{\alpha R}+1)} = 0.297$，所以在 11 公里時的空氣密度為

$$\rho_1 = 0.297 \times \rho_0 = 0.364 kg/m^3$$

由於 $\frac{\rho}{\rho_1} = e^{-\frac{g_0}{RT}(h - h_1)}$，所以在高度 20 公里時的空氣密度為

$$\rho = \rho_1 \times e^{-\frac{g}{RT}(h - h_1)} = 0.364 kg/m^3 \times 0.242 = 0.088^3 kg/m^3$$

三、大氣性質關係式證明

在民航人員高考或特考的考題中，在對流層與平流層的溫度、壓力、密度與高度間之關係式的證明是一個非常重要的部份，同學在做此部份的計算必須掌握三個重點：（一）知道對流層與平流層的基本公式，（二）熟悉微積分的技巧，（三）針對對流層與平流層溫度與高度的特性，才能獲得或證明對流層與平流層的溫度、壓力、密度與高度間之關係式。

（一）基本應用公式

1. **壓力與高度的關係式** $dP = -\rho g_0 dh$
2. **理想氣體方程式** $P = \rho RT$

（二）常用的微積分公式表

<table>
<tr><td colspan="3" align="center">常使用的微積分公式表</td></tr>
<tr><td>項次
項目</td><td align="center">微分公式</td><td align="center">積分公式</td></tr>
<tr><td>一</td><td align="center">$\dfrac{da}{dx} = 0$</td><td align="center">$\int 0 dx = 0$</td></tr>
<tr><td>二</td><td align="center">$\dfrac{d}{dx}(ax) = a$</td><td align="center">$\int a dx = ax + c$</td></tr>
<tr><td>三</td><td align="center">$\dfrac{d}{dx}x^n = nx^{n-1}$</td><td align="center">$\int x^n dx = \dfrac{1}{n+1}x^{n+1} + c$</td></tr>
<tr><td>四</td><td align="center">$\dfrac{d}{dx}(\dfrac{1}{x^n}) = \dfrac{d}{dx}(x^{-n}) = -nx^{-n-1}$</td><td align="center">$\int \dfrac{1}{x^n}dx = \int x^{-n}dx = \dfrac{1}{-n+1}x^{-n+1} + c$</td></tr>
<tr><td>五</td><td align="center">$\dfrac{d}{dx}\sin x = \cos x$</td><td align="center">$\int \cos x dx = \sin x + c$</td></tr>
<tr><td>六</td><td align="center">$\dfrac{d}{dx}\cos x = -\sin x$</td><td align="center">$\int \sin x dx = -\cos x + c$</td></tr>
</table>

七	$\dfrac{d}{dx}\tan x=\sec^2 x$	$\displaystyle\int\sec^2 xdx=\tan x+c$
八	$\dfrac{d}{dx}\cot x=-\csc^2 x$	$\displaystyle\int\csc^2 xdx=-\cot x+c$
九	$\dfrac{d}{dx}\sec x=\sec x\cdot\tan x$	$\displaystyle\int\sec x\tan xdx=\sec x+c$
十	$\dfrac{d}{dx}\csc x=-\csc x\cdot\cot x$	$\displaystyle\int\csc x\cot xdx=-\csc x+c$
十一	$\dfrac{d}{dx}\csc x=-\csc x\cdot\cot x$	$\displaystyle\int\csc x\cot xdx=-\csc x+c$
十二	$\dfrac{d}{dx}a^u=a^u\times l_na\times\dfrac{du}{dx}$ $\dfrac{d}{dx}\log_a u=\dfrac{\dfrac{du}{dx}}{u\times l_na}$	$\displaystyle\int\dfrac{dx}{x}=l_n\lvert x\rvert+c$

（三）對流層溫度、壓力、密度與高度間之關係式的證明

1. 溫度與高度間之關係式

$$T=T_1+\alpha(h-h_1)\Rightarrow dh=\dfrac{dT}{\alpha}$$

2. 壓力與溫度間之關係式

因為 $dP=-\rho g_0 dh$ & $P=\rho RT$，所以 $\dfrac{dP}{P}=-\dfrac{\rho g_0 dh}{\rho RT}=-(\dfrac{g_0}{RT})dh$

將 $dh=\dfrac{dT}{\alpha}$ 代入上式得 $\dfrac{dP}{P}=-(\dfrac{g_0}{\alpha R})\dfrac{dT}{T}$

二邊積分得 $\displaystyle\int_{P_1}^{p}\dfrac{dP}{P}=-(\dfrac{g_0}{\alpha R})\int_{T_1}^{T}\dfrac{dT}{T}\Rightarrow \ln\dfrac{P}{P_1}=-(\dfrac{g_0}{\alpha R})\ln\dfrac{T}{T_1}$

所以可得出對流層壓力與溫度間之關係式 $\dfrac{P}{P_1}=\left(\dfrac{T}{T_1}\right)^{-\frac{g_0}{\alpha R}}$

3. 密度與溫度間之關係式

因為 $P = \rho RT \Rightarrow \dfrac{P}{P_1} = \dfrac{\rho T}{\rho_1 T_1}$ 所以可得到

$$\frac{\rho}{\rho_1} = \frac{\dfrac{P}{P_1}}{\dfrac{T}{T_1}} \Rightarrow \frac{\rho}{\rho_1} = \left(\frac{T}{T_1}\right)^{-\left(\frac{g_0}{\alpha R}+1\right)}$$

PS：綜合以上公式推導，我們可以得到對流層（0～11km）溫度、壓力、密度與高度的關係式

溫度	壓力	密度
$T = T_1 + \alpha(h - h_1)$	$\dfrac{P}{P_1} = \left(\dfrac{T}{T_1}\right)^{\frac{g_0}{\alpha R}}$	$\dfrac{\rho}{\rho_1} = \left(\dfrac{T}{T_1}\right)^{-\left(\frac{g_0}{\alpha R}+1\right)}$

所以在計算對流層區域在某高度的溫度、壓力與密度，必須先計算出該點的溫度。

（四）平流層溫度、壓力、密度與高度間之關係式的證明

1. 溫度與高度間之關係式

由於在平流層（或稱同溫層）區域內大氣溫度保持不變，因此對流層的溫度隨高度的變化率為 0。也就是 $T = cons\tan t \Rightarrow \dfrac{dT}{dh} = 0$。

2. 壓力與高度間之關係式

因為 $dP = -\rho g_0 dh$ & $P = \rho RT$，所以 $\dfrac{dP}{P} = -\dfrac{\rho g_0 dh}{\rho RT} = -\left(\dfrac{g_0}{RT}\right)dh$

由於 T 為常數，所以兩邊積分得

$$\int_{P_1}^{P} \frac{dP}{P} = -\left(\frac{g_0}{RT}\right)\int_{h_1}^{h} dh \Rightarrow \ln\frac{P}{P_1} = -\frac{g_0}{RT}(h - h_1)$$，故可得平流層壓力與高

度間之關係式為 $\dfrac{P}{P_1} = e^{-\frac{g_0}{RT}(h - h_1)}$

3. 密度與高度間之關係式

$$P = \rho RT \Rightarrow \frac{P}{P_1} = \frac{\rho T}{\rho_1 T_1}$$，由於溫度為常數（也就是 $T = T_1$），所以

$$\frac{\rho}{\rho_1} = \frac{P}{P_1} = e^{-\frac{g_0}{RT}(h - h_1)}$$

PS1：綜合以上公式推導，我們可以得到平流層（11～25km）溫度、壓力、密
　　　度與高度的關係式

溫度	壓力	密度
$T = cons\tan t \Rightarrow \dfrac{dT}{dh} = 0$	$\dfrac{P}{P_1} = e^{-\frac{g_0}{RT}(h - h_1)}$	$\dfrac{\rho}{\rho_1} = e^{-\frac{g_0}{RT}(h - h_1)}$

PS2：在計算平流層的溫度、壓力、密度與高度時，仍然必須是從對流層開始
　　　算起。必須算出對流層頂部（也就是平流層底部；11km）的性質，然後
　　　再以對流層頂部（也就是平流層底部；11km）的性質為基準，算出指定
　　　高度的溫度、壓力與密度。

第三章

基本空氣動力學

在本章將介紹一些基本空氣動力學的理論，一則可讓學生理解後續所談飛機飛行的現象，二則可讓同學用以準備及理解民航人員的考題，本章為飛行原理的主要基礎，希望學生能用心學習。

一、流體流場性質之描述法

（一）方法介紹

一般而言，流體流場性質之描述方法有兩種，茲分述如下：

1. **拉格蘭及恩（lagrangian）法**：跟隨一固定之流體質點，觀察此質點之性質隨時間變化的情形；即 P=P（t）。
2. **歐拉瑞恩（eulerian）法**：固定一個區域，觀察該區域流體流場之性質隨位置與時間變化的情形；即 P=P（x,y,z,t）。

（二）評論

由於流體流場是連續之媒介，即使是同一時間，在不同區域流體流場之性質亦不相同，在飛機飛行時空氣性質的描述與計算也是如此，所以拉格蘭及恩（lagrangian）法並不適用於空氣動力學與巨觀流體力學，故在飛行原理中對空氣性質的描述與計算均使用歐拉瑞恩（eulerian）法。

【範例（觀念題）】

試述兩種流場描述法：歐拉瑞恩（Eulerian）及拉格蘭吉恩（Lagrangian）流場描述法，並論述何者適用於空氣動力學（巨觀流體力學）。

如上所述。

【範例（觀念題）】

若流場的速度以 $\vec{V} = \vec{V}(x, y, z, t)$ 表示，試問此流場描述法為歐拉瑞恩（Eulerian）描述法，還是拉格蘭吉恩（Lagrangian）描述法，理由為何？

解答

因為此流場的速度是以位置與時間的函數表示，所以此種流場的描述法為歐拉瑞恩描述法。

【範例（民航特考觀念題）】

若流場的速度 $\vec{V} \equiv (u, v, w) \equiv u\vec{i} + v\vec{j} + w\vec{k}$ 表示式，在此 u, v, w 分別是直角坐標 x, y, z 軸的速度分量，試證明流場的加速度 $\vec{a} = \dfrac{d\vec{V}}{dt} = \dfrac{\partial \vec{V}}{\partial t} + (\vec{V} \bullet \nabla)\vec{V}$，在此 $\nabla \equiv \dfrac{\partial}{\partial x}\vec{i} + \dfrac{\partial}{\partial y}\vec{j} + \dfrac{\partial}{\partial z}\vec{k}$，也就是梯度函數。

解答

因為流場的速度是位置與時間的函數，也就是 $\vec{V} = \vec{V}(x, y, z, t)$，根據鍊鎖法則（chain rule）：$d\vec{V} = \dfrac{\partial \vec{V}}{\partial t}dt + \dfrac{\partial \vec{V}}{\partial x}dx + \dfrac{\partial \vec{V}}{\partial y}dy + \dfrac{\partial \vec{V}}{\partial z}dz$，所以流體之加速度

$$\vec{a} = \frac{d\vec{V}}{dt} = \frac{\partial \vec{V}}{\partial t}\frac{dt}{dt} + \frac{\partial \vec{V}}{\partial x}\frac{dx}{dt} + \frac{\partial \vec{V}}{\partial y}\frac{dy}{dt} + \frac{\partial \vec{V}}{\partial z}\frac{dz}{dt} = \frac{\partial \vec{V}}{\partial t} + u\frac{\partial \vec{V}}{\partial x} + v\frac{\partial \vec{V}}{\partial y} + w\frac{\partial \vec{V}}{\partial z} = \frac{\partial \vec{V}}{\partial t} + (\vec{V} \bullet \nabla)\vec{V}$$

二、連續體之觀念

（一）定義

　　所謂連續體的觀念是假設流體的性質變化非常平滑，以致於我們可以用的方法解析流體流場的性質變化。

（二）不適用條件

　　非常稀薄的流體（如高空或真空）的流體不適用。

三、全微分與偏微分之差異

全微分是將其視為一體，偏微分是將不是偏微分者的變數視為常數。在民航特考，因為考試題型的關係，所以用的幾乎是偏微分的計算，因此必須特別注意。

舉例說明：

$$\frac{d}{dx}(xy) = x\frac{dy}{dx} + y\frac{dx}{dx} = x\frac{dy}{dx} + y$$

$$\frac{\partial}{\partial x}(xy) = y$$

四、邊界層效應

　　由於飛機在飛行時，空氣流經機體具有黏滯性，因此會讓流經飛機表面附近之流場速度減慢，所以會產生邊界層效應，茲說明如下：

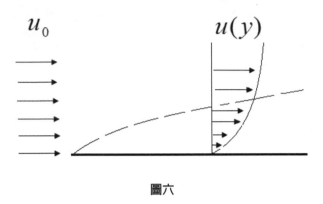

圖六

（一）邊界層厚度的定義

　　如圖六示意圖所示，若流體的速度為 u（y），y 為該點和固定表面的距離，而流體在不受黏滯力影響的速度為自由速度 uo，則可依下式定義邊界層厚度（也稱作速度邊界層厚度）δ，即速度到達 99%自由速度 uo 的位置，也就是 **u（δ）= 0.99uo**。

（二）吹除厚度 δ* 的定義

　　因為邊界層效應的影響而造成外圍流線的微小位移，我們稱之為吹除厚度（displace thickness）。其公式定義如下：

$$\int_0^h \rho u_0 b dy = \int_0^\delta \rho u b dy \quad ; \delta^* = \delta - h$$

（三）無滑流與無溫度跳動情況

　　由於邊界層效應的作用，和壁面接觸的流體分子，會和壁面達到動量與能量平衡；也就是和壁面接觸的流體分子，它的速度與溫度會和壁面相同。這就叫做無滑流與無溫度跳動情況（*no-slipping condition and no temperature jump condition*）。

【範例（民航特考觀念題）】

　　假設流體流場的速度分布如圖七所示，試求 $u(y)$ 為何？

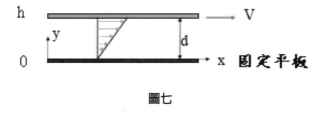

圖七

解答

一、如圖七所示，因為速度梯度 $\dfrac{du}{dy}$ 為一常數，我們可設 $u(y) = ay + b$。

二、根據無滑流情況（no-slipping condition），我們可得：

（一）$u(0) = 0 \Rightarrow b = 0$。

（二）$u(h) = ah + b = ah = V \Rightarrow a = \dfrac{V}{h}$

三、所以 $u(y) = \dfrac{V}{h} y$。

五、流場的簡化假設

我們在求解空氣動力學的問題時，往往設定許多假設簡化問題，藉以求解或解釋物理現象，常見的簡化假設說明如下：

（一）穩態流場

假設流體流場的性質不隨時間的改變而變化，我們稱之為「穩態流場」之假設，也就是 $\dfrac{\partial}{\partial t} \equiv 0$。

（二）不可壓縮流場

假設流體流場的密度變化可以忽略不計，也就是 $\rho \equiv cons \tan t$。

PS：液體的流場的密度變化我們通常忽略不計，氣體（例如空氣）則必須在低速的情況下，始可忽略不計，通常是在 **Ma<0.3** 時，我們可以將氣體的流場視為不可壓縮流場。

（三）非黏滯性流場

假設流體流場的黏滯性可以忽略不計，也就是 $\mu \equiv 0$。

PS：在飛機飛行時若假設空氣的流場是非黏滯性流場，則是假設飛機在飛行時所受的摩擦阻力為 **0**。

【範例（民航特考觀念題）】

試證明穩態流場的加速度為 $\vec{a} = (\vec{V} \bullet \nabla)\vec{V}$。

一、所謂穩態流場是假設流體流場的性質不隨時間的改變而變化，我們稱之為「穩態流場」之假設，也就是 $\dfrac{\partial}{\partial t} \equiv 0$。

二、因為流體之加速度 $\vec{a} = \dfrac{\partial \vec{V}}{\partial t} + (\vec{V} \bullet \nabla)\vec{V}$，又因為穩態流場 $\dfrac{\partial}{\partial t} \equiv 0$，所以 $\vec{a} = (\vec{V} \bullet \nabla)\vec{V}$。

【範例（民航特考考題）】

何謂可壓縮流（compressible flow）與不可壓縮流（incompressible flow）？一般民航機在進行巡航（cruise）飛行時，其機身外面的流場是屬於那一種？試解釋說明之。

解答

一、所謂可壓縮流（compressible flow）是說流體流場的密度 ρ 變化不可以忽略不計。而不可壓縮流（incompressible flow）則是假設流體流場的密度 ρ 可忽略不計。

二、空氣動力學家根據馬赫數將飛機飛行時的外部流場加以分類，當 Ma<0.3 時，我們可以將流體流場視為不可壓縮流，也就是假設流場的密度變化可以忽略不計。一般民航機在進行巡航（cruise）飛行時，Ma 均大於 0.3（約為 0.85 左右），所以機身外面的流場是屬於可壓縮流（compressible flow）。

六、理想氣體方程式

我們在求解飛機飛行問題時，經常使用理想氣體方程式去計算空氣壓力、溫度與密度變化的關係，其計算公式如下：

1. $Pv = RT$ 。
2. $P = \rho RT$ 。
3. $PV = mRT$ 。

在此 P、T、V、v、ρ 分別表示氣體的壓力、溫度、體積、比容與密度。

PS：理想氣體方程式所中所用的壓力與溫度都是絕對溫度與絕對壓力，一般考生多未注意，致使雖然用對公式，卻因未做轉換而造成計算錯誤。

【範例（民航特考所衍生之考題）】

一、試由 $Pv = RT$ ，證明 $P = \rho RT$ 。

> **解答**

因為 $\rho \equiv \dfrac{m}{V}$ & $v \equiv \dfrac{V}{m}$ ，我們可以得出 $v = \dfrac{1}{\rho}$ ，所以 $P = \rho RT$ 。

二、試由 $Pv = RT$ ，證明 $PV = mRT$ 。

> **解答**

因為 $v \equiv \dfrac{V}{m}$ ，所以 $PV = mRT$ 。

三、試由 $P = \rho RT$ 證明 $PV = mRT$ 。

因為 $\rho \equiv \dfrac{m}{V}$ ，所以 $PV = mRT$ 。

七、柏努利方程式（**Bernoulli's Equation**）

　　我們在求解飛機飛行問題時，經常使用柏努利方程式去計算空氣壓力與速度變化的關係，說明如下：

（一）存在條件（假設）

穩態、無摩擦、不可壓縮、沿同一流線。

PS：在民航特考的考題中，經常會問考生在可壓縮流場的情況下，是否可以使用柏努利方程式去計算空氣壓力與速度變化的關係？多數同學因為受到某些網路或補習班解題的影響，均在考試回答「不可以」，這是錯誤的，因為在飛機飛行時，「空速計的使用原理」，就是使用柏努利方程式去計算空氣壓力與速度變化的關係，只是需要針對流場的壓縮性加以修正。

（二）公式定義

1. 定義：

若考慮高度的差異，柏努利方程式為

$$P_1 + \frac{1}{2}\rho V_1^2 + \rho g h_1 = P_2 + \frac{1}{2}\rho V_2^2 + \rho g h_2 = cons\tan t$$

若忽略高度的差異，則柏努利方程式可化簡為

$$P_1 + \frac{1}{2}\rho V_1^2 = P_2 + \frac{1}{2}\rho V_2^2 = cons\tan t$$

我們可將上式寫成通用公式 $P + \frac{1}{2}\rho V^2 = P_t$

2. 靜壓、動壓及全壓之定義：

（1） **靜壓：** 根據柏努力方程式 $P + \frac{1}{2}\rho V^2 = P_t$，在此「P」我們稱之為靜壓，是指當時的大氣壓力。

（2） **動壓：** 根據柏努力方程式 $P + \frac{1}{2}\rho V^2 = P_t$，在此「$\frac{1}{2}\rho V^2$」我們稱之為動壓，是指飛機飛行速度所產生的壓力。

（3） **全壓：** 根據柏努力方程式 $P + \frac{1}{2}\rho V^2 = P_t$，在此「$P_t$」我們稱之為全壓，是指靜壓與動壓的總和。

【範例（民航特考考題）】

試完整描述柏努利方程式與靜壓、動壓及全壓之定義？

解答

如上所述。

（三）應用

1. 應用柏努利方程式解釋升力產生的原理

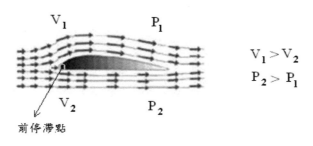

$$V_1 > V_2$$
$$P_2 > P_1$$

圖八

如圖八所示，空氣流過機翼表面時被一分為二，經過機翼上面的空氣流速較快，因此壓力變低，而經過下面空氣流速較慢，壓力較高（柏努力定律），因此會產生一向上的力，也就是升力。

PS1：在圖八中，我們可以看到機翼的前緣（圓形所框部份），我們稱為前停滯點，因為空氣無法穿過機翼，在該點速度為 0，壓力等於全壓。

PS2：上述說法亦可以用來解釋飛機控制面的制動原理，我們將在下一章解釋。

2. 空速計的原理

空速計（Airspeed Indicator）是測量和顯示航空器相對周圍空氣的運動速度的儀表，其是利用柏努利方程式 $P + \frac{1}{2}\rho V^2 = P_t \Rightarrow V = \sqrt{\frac{2(P_t - P)}{2}}$，求出空速。

【範例（民航特考考題）】

試討論皮氏管（Pitot tube）作為飛機空速計的工作原理為何？以及討論其產生誤差的原因，同時如何做修正或校正以減低誤差的方法？

解答

一、其工作原理是利用柏努利原理求出速度，也就是空速：

$$V = \sqrt{\frac{2(P_t - P)}{\rho}}$$

二、空速計可能造成的誤差有：

（一）儀表本身所造成的誤差。

（二）由於指示空速計的速度是利用柏努利原理所求出，也就是忽略空氣可壓縮性，所以若是在高速、高海拔的條件下，還需要修正由於空氣可壓縮性所產生的誤差。

（三）一般我們所稱的空速分成指示空速（IAS，簡寫成 V_I）、校準空速（CAS，簡寫成 V_C）、當量空速（EAS，簡寫成 V_E）以及真實空速（TAS，簡寫成 V_T）四種，由其定義我們可知，空速計發生誤差的原因包含：

1. 儀表誤差。

2. 位置誤差：由於安裝在飛機上一定位置的總、靜壓管處的氣流方向會隨飛機的具體型號和攻角而改變，因而影響了總、靜壓測量的準確度，導致量測空速的誤差。

3. 空氣的可壓縮性。

4. 空氣密度的誤差：由於空速表的刻度盤是按照海平面標準大氣狀態標定的，隨著飛行高度改變，空氣密度也相應改變。

三、我們先修正儀錶誤差後求出指示空速（又稱錶速，V_I），再修正位置誤差求出校準空速（V_C），然後修正空氣的可壓縮性差求出當量空速（V_E），最後依據 $\dfrac{V_T}{V_E} = \sqrt{\dfrac{\rho_0}{\rho}}$ 的關係式求出真實空速（V_T）。

【範例（民航特考觀念題）】

試利用柏努利方程式，求出空速 $V = \sqrt{\dfrac{2(P_t - P)}{2}}$ 之公式。

解答

因為柏努利方程式 $P + \dfrac{1}{2}\rho V^2 = P_t \Rightarrow \dfrac{1}{2}\rho V^2 = P_t - P \Rightarrow V^2 = \dfrac{2(P_t - P)}{\rho}$，

所以空速 $V = \sqrt{\dfrac{2(P_t - P)}{2}}$，故得證。

八、質量守恆定律或流量公式

（一）存在條件（假設）

穩態流場。

（二）流量公式

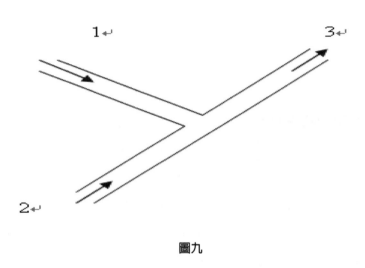

圖九

如圖九示意圖所示，進氣道 1、2 及 3 之間質流率的關係為 $\dot{m}_1 + \dot{m}_2 = \dot{m}_3$，在此質流率定義為 $\dot{m} \equiv \rho AV$，若流場為不可壓縮流（$M_a < 0.3$），則進氣道 1、2 及 3 存在 $Q_1 + Q_2 = Q_3$，在此 Q 為體流率，定義為 $Q \equiv AV$。

【範例（民航特考考題）】

假若有一個低速風洞（low speed wind tunnel）的進口截面積為 A_1、空氣的壓力為 P_1、密度為 ρ_1。而風洞測試段內的截面積為 A_2、空氣壓力為 P_2，然而空氣密度保持不變，且摩擦損失亦不計。假設此風洞的進口空氣速度為 V_1，則測試段內的風速 V_2 應為多少？當有一架飛機模型置於此風洞的測試段內進行性能測試，若此模型的截面積（cross section area）約占測試段截面積的 8%，則此時測試段的風速 V_2 變為多少？

解答

一、因為 $A_1V_1 = A_2V_2$，所以 $V_2 = \dfrac{A_1V_1}{A_2}$。

二、因為模型的截面積約占測試段截面積的 8%，所以 $A_1V_1 = 0.92A_2V_2$，可得

$$V_2 = \frac{A_1V_1}{0.92A_2}。$$

九、等熵過程及其特性

（一）存在條件（假設）

理想氣體、無摩擦、絕熱以及 $C_P \& C_V$ 為常數。

（二）特性

$$\frac{P_2}{P_1} = (\frac{T_2}{T_1})^{\frac{r}{r-1}} = (\frac{\rho_2}{\rho_1})^r \; ; \; r = 1.4$$

PS：在民航特考中，我們常利用等熵過程 $\dfrac{T_t}{T} = 1 + \dfrac{r-1}{2}M^2$ &

$\dfrac{P_t}{P} = (1 + \dfrac{r-1}{2}M^2)^{\frac{r}{r-1}}$ 此一衍生公式，來做發動機性能計算。

十、音（聲）速與馬赫數

（一）音（聲）速的定義

$$a \equiv \sqrt{\left.\frac{\partial P}{\partial \rho}\right|_S} = \sqrt{\left.r\frac{\partial P}{\partial \rho}\right|_T} = \sqrt{rRT}$$

（二）馬赫數的定義

$$M_a \equiv \frac{V}{a}$$

PS：在此 V 並不是表示體積，而是指空速（飛機飛行速度）。

【範例（民航特考考題）】

已知等熵可壓縮流在管道中流動，已知進口處 $M_1 = 0.3$，$T_1 = 62^0 C$，出口處 $M_2 = 0.8$，試求 T_2 與出口處的音（聲）速和速度 V_2。

解答

一、因為 $\dfrac{T_t}{T} = 1 + \dfrac{r-1}{2} M^2$。

所以 $\dfrac{T_2}{T_1} = \dfrac{\dfrac{T_t}{T_1}}{\dfrac{T_t}{T_2}} = \dfrac{1 + \dfrac{r-1}{2} M_1^{\,2}}{1 + \dfrac{r-1}{2} M_2^{\,2}} = \dfrac{1 + 0.2 \times 0.3^2}{1 + 0.2 \times 0.8^2} = \dfrac{1.018}{1.128} = 0.902$

$T_2 = 0.902 \times T_1 = 0.902 \times (62 + 273)K = 302.2K = 29.2^0 C$

二、出口處的音速 $a = \sqrt{rRT} = \sqrt{1.4 \times 0.287 \times 1000 \times 302.2} = 348 m/\sec$

三、出口處的速度為 $V_2 = M_2 \times a = 0.8 \times 348 = 278.4 m/\sec$

PS1：本題與「流量公式」的考題類型截然不同，請同學千萬不要搞混。

PS2：在飛行原理或空氣動力學的計算中，使用公式用的溫度都是絕對溫度
（也就是 K 與 ^0R），因此在計算本題時，同學必須特別注意溫度單位的
轉換。

十一、穿音速流與超音速流之現象探討

次音速流、穿音速流與超音速流」的意義與觀念在民航考試衍生了無數的相關考題，說是民航考試的主題之一也不為過，在此說明如下。

（一）次音速流、穿音速流與超音速流的定義

空氣動力學家根據馬赫數將飛機飛行時的外部流場加以分類如下：

$M_a < 0.8$　　　　　我們稱此區域的流場為次音速流（Subsonic Flow），**整個流場無震波產生。**

$0.8 < M_a < 1.2$　　我們稱此區域的流場為穿音速流（Transonic Flow），**震波首次出現，整個流場分成次音速流與超音速流。由於流場混合的緣故，欲在穿音速流做動力飛行，是非常困難。**

$1.2 < M_a$　　　　　我們稱此區域的流場為超音速流（Supersonic Flow），**有震波出現，但無次音速流存在。**

從上可知次音速流、穿音速流與超音速流流場主要的差別是「**有無震波出現**」，所以為了更明瞭起見，我們依據馬赫數將次音速流、穿音速流與超音速流流場重新定義如下：

1. **次音速流（Subsonic Flow）**：飛機氣流的最大馬赫數均小於 1.0 的流場，也就是整個飛行流場無震波產生。

2. **穿音速流（Transonic Flow）**：飛機機翼之上局部氣流的馬赫數有大於 1.0，也有小於 1.0 的流場。

3. **超音速流（Supersonic Flow）**：飛機氣流的最小馬赫數均大於 1.0 的流場。

試解釋次音速流（subsonic flow）、穿音速流（transonic flow）與超音速流（supersonic flow）之意義。

解答

如上所述。

（二）音障與震波的定義

1. **音障（Sound barrier）**：當物體（通常是航空器）的速度接近音速時，將會逐漸追上自己發出的聲波。此時，由於機身對空氣的壓縮無法迅速傳播，將逐漸在飛機的迎風面及其附近區域積累，最終形成空氣中壓力、溫度、速度、密度等物理性質的一個突變面──震波。所以我們可以將「**音障**」解釋為「**飛機接近音速時，壓迫空氣而產生震波，導致阻力急遽增大的一種物理現象**」。

2. **震波（Shock wave）**：是氣體在超音速流動時所產生的壓縮現象，震波會導致總壓的損失，若震波與通過氣流的角度成 90°，我們稱之為正震波（normal Shock wave），若震波與通過氣流的角度小於 90°，我們稱之為斜震波（Oblique Shock wave）。

（三）臨界馬赫數（Critical Mach Number）

飛機在接近音速飛行時，隨著飛行速度的增加，上翼面的速度到達音速，此時飛機飛行的馬赫數稱之為臨界馬赫數。

（四）穿音速面積定律（Transonic area rule）

　　飛機在穿音速飛行時，如果沿縱軸的截面積（以從機頭至機尾的飛機中心來看飛機的截面積）的變化曲線越平滑的話，產生的穿音速阻力就會越小，這也就是超音速飛機「蜂腰」的來源。

PS：穿音速面積定律實際應用的方式：削減機翼處的機身（機身收縮）以及把機身（機翼連接以外區域）截面積加大

（五）Prandtl-Glauert rule

1. **目的**：Prandtl-Glauert rule 之目的是建立可壓縮流與不可壓縮流中相同翼型的氣動力參數之間的關係，進而得到可壓縮性對同一翼型的影響。

2. **公式**：$\dfrac{C_{P1}}{\sqrt{1-M_{1\infty}^2}} = \dfrac{C_{P2}}{\sqrt{1-M_{2\infty}^2}}$ ，在此 C_{P1} 為不可壓縮流之壓力係數；C_{P2} 為可壓縮流之壓力係數，M_∞ 為自由流（遠離物體）的馬赫數。

【範例（民航特考考題）】

　　在次音速風洞實驗中，當風速 $U_0 = 30m/s$ 時（其馬赫數經計算為 $M_\infty = 0.088$，在模型翼型（airfoil）上測出某點之壓力係數 $C_{Pi} = -1.18$，當風速增加到 $U_0 = 204m/s$ 時，在相關條件相同下，請問其馬赫數 M_∞ 增為多少？並請利用 Prandtl-Glauert rule 求出該點壓力係數 C_{Pc} 之值。

> 解答

一、因為 $M_a \equiv \dfrac{V}{a} \Rightarrow 0.088 = \dfrac{30}{a}$ ，所以音（聲）速 $a \equiv \dfrac{30}{0.088} = 340.9(m/s)$ 。

　　又因為 $U_0 = 204m/s \Rightarrow M_\infty = \dfrac{V}{a} = \dfrac{204}{340.9} = 0.598$ 。

二、因為 Prandtl-Glauert rule $\dfrac{C_{P1}}{\sqrt{1-M_{1\infty}^2}} = \dfrac{C_{P2}}{\sqrt{1-M_{2\infty}^2}}$ ，所以

$$\dfrac{C_{Pc}}{\sqrt{1-0.598^2}} = \dfrac{-1.18}{\sqrt{1-0.088^2}} \Rightarrow C_{Pc} = -0.9496 \text{ 。}$$

第四章

機翼概論

本章主要介紹飛機構造、六個自由度的觀念、飛機控制面原理、機翼剖面的名詞定義、翼型系列命名（四位數與五位數翼型）以及相關機翼理論，說明如下：

一、飛機構造

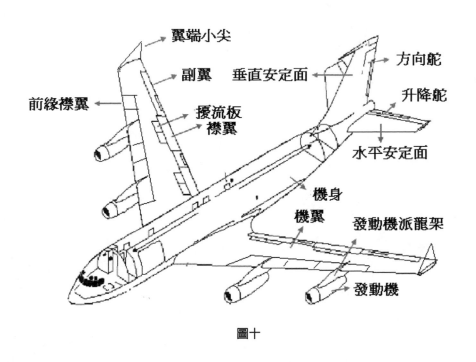

圖十

（一）垂直安定面（Vertical stabilizer）

飛機的垂直安定面的作用是使飛機在偏航方向上（即飛機左轉或右轉）具有靜穩定性。

（二）水平安定面（Horizontal Stabilizer）

飛機的水平安定面的作用是使飛機在俯仰方向上（即飛機擡頭或低頭）具有靜穩定性。

（三）升降舵（Elevator）

是使機頭上下移動之控制面。

（四）方向舵（Rudder）

是使機頭左右移動之控制面。

（五）副翼（Airelon）

是使機身左右滾轉之控制面。

（六）襟翼（又稱後緣襟翼；Flap）

主要功能為增加機翼的彎度與面積使其增加升力（同時也會產生阻力），一般用於起飛時，增加升力以及下降時，增加阻力。

PS：對具有襟翼之機翼而言，襟翼放出時可使機翼面積加大，同時加大有效攻角，故升力增加，但同時阻力也一併增加了。所以如何在適當的時機將襟翼放下至正確的角度是相當重要的。例如在起飛時，襟翼最多只能放出大約全行程的三分之一到一半，以增加升力而不增加太多的阻力；但降落時則同時須增加升力與阻力以減低速度並保持足夠之升力，所以經常被放到全行程位置。

（七）前緣襟翼（leading edge slat）

正常工作時與機翼主體產生縫隙，可使機翼下表面部分空氣流經上表面，從而延遲機翼上表面流體分離現象的出現，藉以增加機翼的失速攻角（或臨界攻角），使飛機在以高攻角的情況下以高升力起飛。

（八）擾流板（Spoiler panel）

安裝在機翼上表面可被操縱打開的平板，可用於減小升力、增加阻力和增強滾轉操縱。當兩側機翼的擾流板對稱打開時，此時的作用主要是增加阻力和減小升力，從而達到減小速度、降低高度的目的，因此也被稱為減速板；而當其不對稱打開時（通常由駕駛員的滾轉操縱而引發），兩側機翼的升力隨之不對稱，使得滾轉操縱功效大幅度增加，從而加速飛機的滾轉。

【範例（民航特考考題）】

試述襟翼（Flap）的功能與原理。

解答

一、襟翼的主要功能為增加機翼面積使其增加升力（同時也會產生阻力），一般用於起飛時，增加升力以及下降時，增加阻力，其主要是為了減少飛機起飛與降落時滑行的距離。

二、對具有襟翼之機翼而言，在起飛時，襟翼放出時可使機翼面積加大，同時加大有效攻角，故升力增加，而在降落時，機翼面積加大，故阻力增加。

【範例（民航特考衍生考題）】

試述擾流板（Spoiler panel）的功能。

解答

擾流板（Spoiler panel）的功能主要是減小升力與增加阻力，有助於飛機降落時滑行的距離。除此之外，其還有加速飛機滾轉的功能。

二、六個自由度的觀念

　　本部份的再次描述主要是為了讓同學對「飛機控制面」更易瞭解，希望同學在研讀時能彼此參照。如圖十一所示，飛機是三度空間的自由體，所以有六個自由度，簡單來說就是沿三個坐標軸的移動和繞三個坐標軸的轉動。從圖十一中，我們可以看出縱軸（Longitudinal axis）、側軸（Lateral axis）與垂直軸（Vertical axis）之定義。在飛機的運動中，所謂俯仰（Pitch）是指飛機上下移動，偏航（Yaw）是指飛機左右移動，滾轉（Roll）是指飛機的翻轉運動。

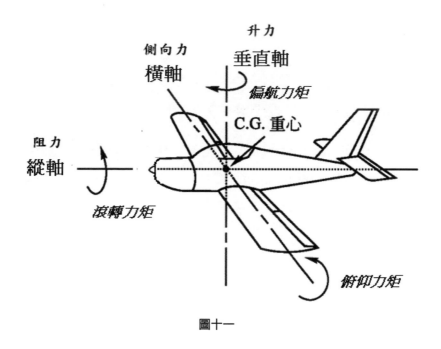

圖十一

【範例（民航特考考題）】

　　就飛行力學的觀點，一架飛機要作六個自由度（degree of freedom）的穩定飛行，請問是那六個自由度？

解答

　　如上所述。

【範例（民航特考觀念題）】

試說明所謂俯仰（Pitch）、偏航（Yaw）以及滾轉（Roll）之意義。

解答

所謂俯仰（Pitch）是指飛機上下移動；偏航（Yaw）是指飛機左右移動；滾轉（Roll）是指飛機的翻轉運動。

【範例（民航特考觀念題）】

試說明所謂滾轉力矩（Rolling moment）、俯仰力矩（Pitching moment）以及偏航力矩（Yawing moment）之意義。

解答

一、請先繪出圖十一再做說明。

二、所謂滾轉力矩（Rolling moment）是繞著縱軸（Longitudinal axis）旋轉的力矩；俯仰力矩（Pitching moment）是繞著側軸（Lateral axis）旋轉的力矩；偏航力矩（Yawing moment）是繞著垂直軸（Vertical axis）旋轉的力矩。

三、飛機控制面

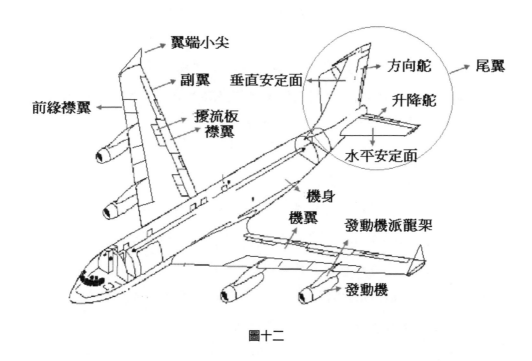

圖十二

（一）副翼（Airelon）

如圖十二所示，副翼是在機翼的外側，其目的是用來控制飛機的滾轉運動（Roll）。

（二）尾翼

如圖十二所示，尾翼是用來平衡、穩定和操縱飛機飛行姿態的部件，其中方向舵（Rudder）是用來控制飛機的偏航（Yaw）運動，升降舵（Elevator）是用來控制飛機的俯仰（Pitch）運動。

由於副翼、方向舵與升降舵控制飛機飛行的運動情形，所以我們將其三者合稱為飛機的控制面。

【範例（民航特考考題）】

若飛機要作穩定控制時，其相對的控制舵面（control surfaces）分別為何？試說之。

PS：在此必須注意的是題目強調的是「**飛機要作穩定控制時，其相對的控制舵面（control surfaces）分別為何**」，是以並非只是單純詢問飛機的控制面，請結合「**一、飛機構造**」之內容回答。

解答

若飛機要作穩定控制時，其相對的控制舵面及功用如下：

一、垂直安定面（Vertical stabilizer）：飛機的垂直安定面的作用是使飛機在偏航方向上（即飛機左轉或右轉）具有靜穩定性。

二、水平安定面（Horizontal Stabilizer）：飛機的水平安定面就能夠使飛機在俯仰方向（即飛機擡頭或低頭）具有靜穩定性。

三、升降舵（Elevator）：是使機頭上下移動之控制面。

四、方向舵（Rudder）：是使機頭左右移動之控制面

五、副翼（Airelon）：是使機身左右滾轉之控制面。

六、襟翼（Flap）：主要功能為增加機翼面積使其增加升力（同時也會產生阻力），一般用於起飛時增加升力以及下降時增加阻力。

四、控制面的制動機制

（一）制動原理（柏努利定律）

如圖十三所示

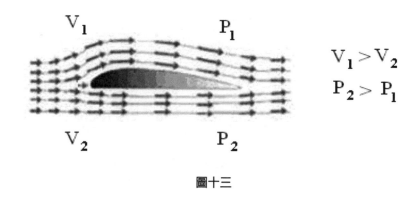

$$V_1 > V_2$$
$$P_2 > P_1$$

圖十三

（二）制動情形

1. **俯仰（Pitch）運動**：當飛機欲執行俯仰（Pitch）運動時，升降舵（Elevator）必須上下移動，當飛機機頭欲向下移動，則升降舵向下擺動，使升降舵機翼上表面壓力小，下表面機翼壓力大，因此在機尾處產生一向上的力，進而達到飛機機頭欲下移動的目的。

2. **偏航（Yaw）運動**：當飛機欲執行偏航（Yaw）運動時，方向舵必須左右移動，當飛機機頭欲向左移動，則方向舵向左擺動，使方向舵機翼上表面壓力小，下表面機翼壓力大，因此在機尾處產生一向右的力，進而達到飛機機頭欲向左移動的目的。

3. **滾轉（Roll）運動**：當飛機欲執行滾轉（Roll）運動時，左右兩側的副翼是同時動作，但移動的方向是相反的，如果飛機欲向左側滾，則左側副翼上揚，右側副翼下降，使左側機翼上表面壓力大，下表面壓力小，而右側機翼上表面壓力小，下表面壓力大，因此產生一向左旋轉的力矩，而達到飛機向左滾轉的目的。

【範例（民航特考考題）】

就飛行力學的觀點，飛機的俯仰（Pitch）、偏航（Yaw）以及滾轉（Roll）運動是由飛機的哪一個部份控制？

解答

一、飛機的俯仰（Pitch）運動主要是由升降舵控制。

二、飛機的偏航（Yaw）運動主要是由方向舵控制。

三、飛機的滾轉（Roll）運動主要是由副翼控制。

【範例（民航特考考題）】

試述如何利用柏努利定律解釋飛機俯仰、偏航與滾轉力矩的產生？

解答

參照上述「四、控制面的制動機制」，配合柏努利定律與升降舵（Elevator）、方向舵（Rudder）及副翼（Airelon）的功能與制動情形解釋之。

五、機翼翼葉切面之各部名詞

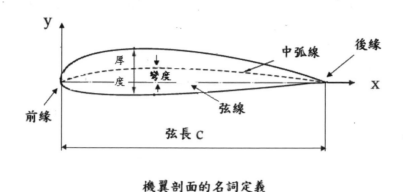

機翼剖面的名詞定義

圖十四

θ_1 為攻角

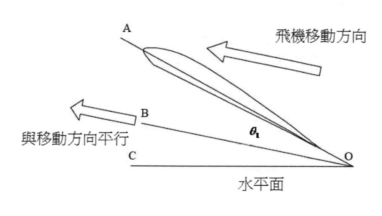

圖十五

如圖十四與圖十五所示，機翼剖面（airfoil）各部名詞詳述如下：

（一）弦線（Chord line）

機翼前緣至後緣的連線，我們稱之為弦線；機翼前緣至後緣的距離，我們稱之為弦長（chord），一般以 c 表示。

（二）中弧線（Mean camber line）

機翼上下表面垂直線的中點所連成的線，我們稱之為中弧線。

（三）厚度（Thickness）

機翼上下表面之距離。

（四）相對厚度

機翼最大厚度與弦長的比值。

（五）彎度（Camber）

機翼中弧線最大高度與弦線之間的距離。

（六）攻角（Angle of Attack；A.O.A）

自由流與弦線的夾角。

（七）壓力中心（CP, Center of Pressure）

在翼剖面上可以找到一個位置，在此處只有升力和阻力這些空氣動力作用力（aerodynamic forces）而沒有空氣動力力矩（aerodynamic moment），這個位置就是壓力中心（CP, Center of Pressure），換句話說，翼剖面產生的升力和阻力都作用在 CP 上。

（八）空氣動力中心（AC, Aerodynamic Center）

　　一般而言，空氣動力力矩是攻角 α 的函數。但在翼剖面上有一點，會讓力矩不隨著攻角 α 而變，此點就是空氣動力學中心（AC, Aerodynamic Center）。

　　PS：空氣動力中心為一不受攻角影響之位置，當為次音速時，其為 1/4 翼表面位置，超音速時，為 1/2 翼表面位置。

【範例（民航特考考題）】

　　繪出一典型機翼剖面（airfoil），標示出"mean camber line"、"camber"、"chord line"及"chord"，並說明各名詞之定義。

解答

　　如上所述。

六、翼型系列命名（四位數與五位數翼型）

（一）四位數翼型之範例

NACA1315

第一個數字代表彎度，以弦長的百分比表示，camber/chord＝1%

第二位表示彎度距離前緣的位置，以弦長的 10 分數比表示，3/10

第三位與第四位數合起來是機翼的最大厚度，以弦長的百分比表示，t/c=15/100＝15%

（二）五位數翼型之範例

NACA23012

第一個數字代表彎度，以弦長的百分比表示，camber/chord＝2%

第二位與第三位數合起來是彎度距離前緣的位置，以弦長的 200 分數表示，30/200＝15%

第四位與第五位數合起來是機翼的最大厚度，以弦長的百分比表示，t/c=12/100＝12%

PS：上述所舉的兩個例子，在民航特考「飛行原理」與「空氣動力學」科目均有考過，且不止一次，希望學生加以熟記。

七、機翼的展弦比與梯度比的定義

（一）展弦比（Aspect Ratio）之定義

翼展和標準平均弦長的比值，我們命名為展弦比（簡寫成 AR）。如圖十六所示，展弦比$(AR) \equiv \dfrac{翼長}{弦長} \equiv \dfrac{b}{c} = \dfrac{b^2}{bc} = \dfrac{b^2}{S}$，在此 S 是上視面積。

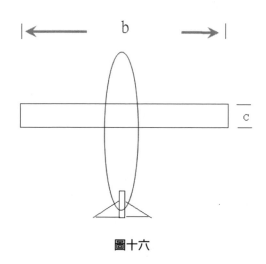

圖十六

PS：**平均空氣動力弦長（Mean Aerodynamic Chord）之定義：所謂弦長（chord）是指機翼前緣與後緣之間的距離，一般飛行器從翼根到翼間各個位置的翼弦長度不盡相同，在分析飛行器的性能時，通常使用其平均值，這就是平均空氣動力弦長（Mean Aerodynamic Chord）的意義。**

【範例（民航特考考題）】

試述展弦比（Aspect Ratio）與平均空氣動力弦長（Mean Aerodynamic Chord）之定義。

解答

如上所述。

（二）梯度比之定義

　　如前所述，一般飛行器從翼根到翼間各個位置的翼弦長度不盡相同，因此我們定義「梯度比」，藉以瞭解機翼的形狀，所謂梯度比之定義就是翼尖弦長與翼根弦長的比值。如圖十七所示，梯度比$(\lambda) \equiv \dfrac{\text{翼尖弦長}}{\text{翼根弦長}} = \dfrac{b}{c}$。

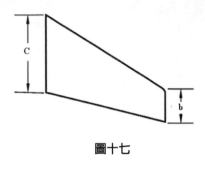

圖十七

八、機翼理論

（一）升力、阻力與升力係數與阻力係數之間的關係式

$$L = \frac{1}{2}\rho V^2 C_L S \; ; \; D = \frac{1}{2}\rho V^2 C_D S$$

在此 L、D、ρ、V、C_L、C_D、S 分別為升力、阻力、空氣密度、空氣速度、升力係數、阻力係數與機翼面積。

（二）二維機翼升力的計算（也就是無限翼展狀況下 C_L 的計算）

$C_{L,理論} = 2\pi \sin(\alpha + \frac{h}{c})$，在此 α 為攻角，$\frac{h}{c}$ 為最大彎度。若為對稱機翼 $\frac{h}{c}$ 為 0。

因 α 非常小，$\sin\alpha \approx \alpha$ 所以若為對稱機翼且在無限翼展狀況下，$C_L = 2\pi\alpha$，此即有名之**薄翼理論**。

> PS：薄翼理論在民航特考「飛行原理」與「空氣動力學」科目均有考過，且
> 考過不止一次，希望學生加以熟記。

【範例（民航特考觀念題）】

一、何謂二維機翼升力理論。

二、請以二維機翼升力理論說明為何對稱機翼，零升力攻角為 0，而不對稱機翼，
  零升力攻角為負。

一、二維機翼升力理論：$C_{L,理論} = 2\pi \sin(\alpha + \dfrac{h}{c})$，在此 C_L 為升力係數，α 為攻

角，$\dfrac{h}{c}$ 為最大彎度。

二、

（一）對稱機翼 $\dfrac{h}{c} = 0$，若 $C_L = 0 \Rightarrow \sin\alpha = 0 \Rightarrow \alpha = 0$，所以零升力攻角為 0。

（二）不對稱機翼 $\dfrac{h}{c} \neq 0$，若 $C_L = 0 \Rightarrow \sin(\alpha + \dfrac{h}{c}) = 0 \Rightarrow \alpha = -\dfrac{h}{c}$，所以零升力攻

角為負。

【範例（民航特考觀念題）】

請以薄翼理論說明升力與攻角的關係。

解答

一、薄翼理論：$C_L = 2\pi\alpha$，在此 C_L 為升力係數，α 為攻角。

二、我們可從上述公式可以看出：在飛機失速前，升力與攻角成正比。

【範例（民航特考考題）】

試求對稱機翼在無限翼展狀況下之 $\dfrac{dC_L}{d\alpha}$。

解答

由於薄翼理論 $C_L = 2\pi\alpha$，所以 $\dfrac{dC_L}{d\alpha} = 2\pi$

（三）有限機翼升力理論（三維機翼升力理論）

$$C_L = \frac{2\pi \sin(\alpha + \frac{2h}{c})}{1 + \frac{2}{AR}}$$

PS：有限機翼理論在民航特考「飛行原理」與「空氣動力學」科目均有考過，
    且考過不止一次，尤其是升力理論更是常用來說明展弦比、攻角與升力
    係數之定性關係，希望學生加以熟記。

【範例（民航特考觀念題）】

請以有限機翼升力理論（三維機翼升力理論）說明升力與展弦比的關係。

解答

一、所謂有限機翼升力理論為 $C_L = \frac{2\pi \sin(\alpha + \frac{2h}{c})}{1 + \frac{2}{AR}}$，在此 C_L 為升力係數，α 為

攻角，$\frac{h}{c}$ 為最大彎度，AR 為展弦比。

二、我們可從上述公式可以看出：若是 AR 越大，C_L 越大，所以在飛機失速前，
    同一類型的機翼，在相同攻角的情況下，展弦比越大，升力越大。

第五章

飛機性能

本章主要使同學瞭解飛機的主要性能，使同學能夠藉以判定飛機的優劣性，說明如下：

一、速度性能

（一）最大平飛速度

所謂最大平飛速度是指飛機在一定的高度上作水平飛行時，發動機以最大推力工作所能達到的最大飛行速度，通常簡稱為最大速度。**最大平飛速度取決於發動機的性能與飛機的外形。**

（二）最小平飛速度

所謂最小平飛速度是指飛機在一定的飛行高度上維持飛機水平飛行的最小速度。**飛機的最小平飛速度越小，它的起飛、著陸和盤旋性能就越好。**

（三）巡航速度

所謂巡航速度是指發動機在每公里消耗燃油最少的情況下飛機的飛行速度。這個速度一般為飛機最大平飛速度的 70%～80%，巡航速度狀態的飛行最經濟而且飛機的航程最大。

PS：當飛機以最大平飛速度飛行時，此時發動機的油門開到最大，若飛行時間太長就會導致發動機的損壞，而且消耗的燃油太多，所以一般只是在戰鬥中使用，而飛機作長途飛行時都是使用巡航速度。

【範例（觀念題）】

為何民航機是使用巡航速度飛行，而不是使用最大平飛速度飛行？

解答

所謂巡航速度飛行是指飛機在發動機每公里消耗燃油最少的情況下的飛行。在這個速度下飛行，最省油而且飛機的航程最大。而使用最大平飛速度飛行是指飛機以最大推力的情況下的飛行，不僅耗油，且飛行時間太長就會導致發動機的損壞。民航機是使用巡航速度飛行，而不是使用最大平飛速度飛行。

二、高度性能

（一）飛機的升限（ceiling）

1. **定義：**所謂飛機升限，是指航空器所能達到的最大平飛高度。當飛機的飛行高度逐漸增加時，空氣的密度會隨高度的增加而降低，從而影響發動機的進氣量，進入發動機的進氣量減少，其推力一般也將減小。到達到一定高度時，航空器因推力不足，已無爬高能力而只能維持平飛，此高度即為航空器的升限。一架飛機的高度升限，在它出廠時即設定好了，我們在設計飛機的時候，對於飛機高度升限的問題，取決於飛機的推力、高度升限時的情況（壓力、溫度與密度的問題）以及機型（氣動力）的考量。

2. **影響因素：**飛機的升限受到外界氣壓和氧氣濃度的影響，當外界氣壓過小和氧氣濃度過低時，就不能支持發動機工作，因此飛行高度就達到極限了，除此之外，飛機的重量、氣動力外形、發動機的性能以及高度升限時的情況（壓力、溫度與密度的問題）也都是影響飛機高度升限的因素。

3. **種類**

（1）**絕對升限（Absolute ceiling）：**所謂絕對升限是指飛機能進行平飛的最大飛行高度，此時爬升率為零。由於達到這一高度所需的時間為無窮大，故又稱為理論升限。通常我們不常使用這個術語。

（2）**實用升限（Service ceiling）：**實用升限是飛機試圖捕捉之最大可用高度。它是爬升率略大於零的某一定值。對噴射機而言，實用升限是指飛機在爬升率為 5m/s 時所對應的最大平飛高度。

4. **提高飛機升限的措施主要有：**增大發動機在高空時的推力、提高飛機的升力、降低飛行阻力、減輕飛機重量等。

【範例（民航特考考題）】

何謂飛機升限（ceiling），試述影響飛機升限因素為何與提高飛機升限的方法。

請參照上述內容描述之。

【範例（民航特考觀念題）】

請問絕對升限（Absolute ceiling）與實用升限（Service ceiling）何者為大？

解答

所謂絕對升限是指飛機爬升率為零所能到達的最大飛行高度，實用升限是爬升率略大於零的某一定值之飛行高度，所以絕對升限大於實用升限。

（二）爬升率

噴射機在某高度以內因飛行高度越高，其燃油消耗量較少，也就是說爬升率好的飛機越省油，經濟性越高。也就因為這理由之故，爬升率對使用者而言是重要的性能之一。

1. **定義**：爬升率又稱爬升速度，是指爬升的快慢程度，也就是單位時間所獲得的高度。

2. **最大爬升率**：飛機在以最大爬升速度爬升時，可以在相同時間下有最大的高度增益。一般會出現在飛機在克服阻力後，剩餘動力為最大值（最大剩餘動力，maximum excess power）時出現。

3. **最陡爬升率（又稱最大爬升坡度速度）**：飛機在以最大爬升坡度速度爬升時，可以在相同地面距離下有最大的高度增益。一般會出現在飛機推力和阻力的差為最大值（最大剩餘推力，maximum excess thrust）時。若是噴射機，大約會在最小阻力速度，或是阻力－速度圖的最低點。

4. **正常爬升率**：飛機經過了起飛的最終階段，爬升到飛行計劃表上的巡航高度，對噴射機而言，加速到依爬升推力所定的速度，進入一定指示空速的正常爬升（Normal Climb）。這時如在一定指示空速下繼續爬升，因隨著高度馬赫數也增加之故，在到達某種高度所定之馬赫數後，維持一定的馬赫數繼續爬升。

5. 爬升方式

爬升時，有以下幾種方式：

（1） 使用爬升率最大的爬升方式（使用最佳爬升率速度）。

（2） 使用最大爬升坡度的爬升方式（使用最大爬升坡度速度）。

（3） 使用平常的爬升方式（使用一定指示空速），像在台灣這種短程航線在較低的高度下飛航，就經濟觀點而言，大多採用正常爬升速度。

因爬升速度各不相同，故要依照當時的需求，分別使用適合的爬升方式。

6. 最大爬升率與最陡爬升率間的關係

（1） 一般而言最陡爬升率會小於最大爬升率。

（2） 最陡爬升率會隨著高度的增加而增加，而最大爬升率會隨著高度的增加而減少。

（3） 當飛機到達絕對升限（absolute ceiling）的高度時，最大爬升率會等於最陡爬升率。

7. 最佳爬升速度（Best Rate-of-Climb Speed）：

所謂最佳爬升速度就是指最大爬升率時的爬升速度，爬升率會隨著剩餘推力與飛行速度相乘之積（剩餘馬力）之大小而變化。剩餘馬力越大，爬升率也隨之增加。在某飛行速度下，將剩餘馬力推至最大，就可獲得最大爬升率。此時的速度我們稱之為最佳爬升率速度，是在短時間內要獲得最高高度時使用。

【範例（民航特考考題）】

何謂爬升率，試述「最大爬升率」與「最陡爬升率間」的定義與關係，並請問此二者在何種情況下會相等？

解答

請參照上述內容描述之。

三、飛行距離

（一）航程

是指飛機在不加油的情況下所能達到的最遠水平飛行距離。

（二）續航時間

它是指飛機在不進行空中加油的情況下，耗盡其本身攜帶的可用燃料時，所能持續飛行的時間。

【範例（民航特考考題）】

試述航程（飛行距離）、飛行速度與續航時間的關係。

解答

一、請寫出航程與續航時間的定義。

二、航程、飛行速度與續航時間的關係式為：航程＝飛行速度×續航時間。

四、其他

（一）推力重量比（Thrust-weight ratio）

是表示發動機單位重量所產生的推力，簡稱為推重比，是衡量發動機性能優劣的一個重要指標，推重比越大，發動機的性能越優良。

（二）燃油消耗率（Specific thrust；SFC）

又稱為單位推力小時耗油率，是指耗油率與推力之比，公制單位為 kg/N-h，愈小者愈省油。

（三）平均故障時間（Mean Time Between Failure；MTBF）

每具發動機發生兩次故障的間隔時間之總平均，愈長者愈不易故障，通常維護成本也愈低。

（四）旁通比（bypass ratio）

即渦輪風扇發動機外進氣道與內進氣道空氣流量的比值。內進氣道的空氣將流入燃燒室與燃料混合，燃燒做功，外進氣道的空氣不進入燃燒室，而是與內進氣道流出的燃氣相混合後排出。外進氣道的空氣只通過風扇，流速較慢，且是低溫，內進氣道排出的是高溫燃氣。兩種氣體混合後，同時降低了噴嘴平均流速與溫度。

PS1：高旁通比發動機在次音速時有非常好的能效，通常用於客機、運輸機和戰略轟炸機等。

PS2：低旁通比發動機通常配有後燃器，以高油耗為代價，獲得更大的推力，可用於超音速飛行，通常用於戰鬥機。

（五）飛機起飛著陸的性能優劣

主要是看飛機在起飛和著陸時滑行距離的長短，距離越短則性能越優越。

第六章

飛機受力情況

本章主要使同學瞭解飛機飛行的受力情況與影響因素，進而對飛機運動有更深一層的瞭解。說明如下：

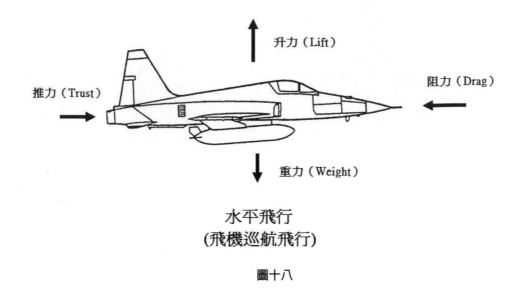

升力（Lift）

阻力（Drag）

推力（Trust）

重力（Weight）

水平飛行
(飛機巡航飛行)

圖十八

如圖十八所示，飛機飛行所受的四種力：升力（Lift）、阻力（Drag）、推力（Trust）及重力（Weight），我們在設計飛機時，我們希望提高升力與推力，降低阻力，希望各位同學掌握此要點準備此一章節，茲說明如下：

一、飛機的升力

在民航特考「飛行原理」與「空氣動力學」科目，常常考「凱爾文定理」、「庫塔條件」、「試用庫塔條件說明升力的形成」、「失速現象的解釋」以及「升力與攻角的示意圖」，這是本部份重點所在，同學必須瞭解與熟記。

（一）凱爾文定理（Kelvin's Circulation Theorem）

對於無黏性流體渦流強度不會改變。我們稱為凱爾文定理。**此定理可協助說明為何機翼會產生一順時針之環流。**

（二）庫塔條件（Kutta-Condition）

對於一個具有尖銳尾緣之翼型而言，流體無法由下表面繞過尾緣而跑到上表面，而翼型上下表面流過來的流體必在後緣會合。如果後緣夾角不為 0，則後緣為停滯點，表示速度為 $V_1 = V_2 = 0$（因為沿流線方向則速度會有兩個方向，對同一後緣點而言不合理，所以只能為 0），如果後緣夾角為 0，同一點 P 相等，則 $V_1 = V_2 \neq 0$，由上述也可知，在尖尾緣處，其上下翼面的壓力相等。

（三）利用庫塔條件解釋升力的形成

基於 Kutta 條件，空氣流過機翼前緣（Leading Edge）時，會分成上下兩道氣流，並於機翼尾端（Trailing Edge）會合，所以對於一個正攻角的機翼而言，因為流經機翼的流體無法長期的忍受在尖銳尾緣的大轉彎，因此在流動不久就會離體，造成一個逆時針之渦流，使得流體不會由下表面繞過尾緣而跑到上表面，我們稱此渦流為啟始渦流（starting votex），隨著時間的增加，此渦流會逐漸地散發至下游，而在機翼下方產生平滑的流線，此時升力將完全產生。

【範例（民航特考考題）】

1. 何謂凱爾文定理（Kelvin's Circulation Theorem）＆庫塔條件（Kutta-Condition）？
2. 試用庫塔條件說明升力的形成。

> 解答

如上所述。

（四）飛機失速

1. 失速原因探討

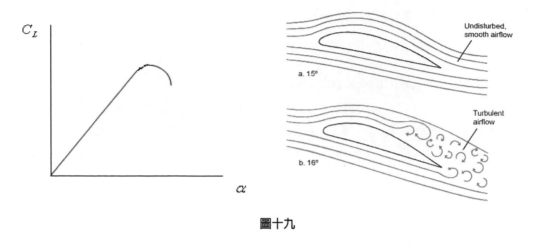

圖十九

　　如圖十九所示，飛機在低攻角的時候，升力會隨著攻角上升，但是到達臨界攻角時，機翼會產生流體分離現象，此時，升力會大幅下降，飛機將無法再繼續飛行，我們稱之為失速（Stall）。

【範例（民航特考考題）】

　　何謂失速（Stall）現象？

解答

　　所謂失速現象是指飛機到達臨界攻角時，產生升力急速下降的情形。

【範例（民航特考考題）】

請問為何不可以用柏努利方程式解釋失速（Stall）現象？

解答

因為柏努利方程式的存在條件之一為流場為穩態流場，飛機在失速的時候，機翼會產生流體分離現象，此一現象為非穩態流場，所以不可以用柏努利方程式解釋失速現象。

2. 重要名詞解釋

①**臨界攻角（Critical Angle of Attack）**：所謂臨界攻角（Critical Angle of Attack）是指飛機在低攻角的時候，升力會隨著攻角上升，但是攻角到達某一度數時，機翼會開始產生流體分離現象，造成飛機失速，我們稱此一攻角為臨界攻角。

②**最大升力係數（$C_{L\max}$）**：所謂最大升力係數是飛機到達失速時，所對應的升力係數；也就是飛機到達臨界攻角所對應的升力係數。

【範例（民航特考考題）】

何謂臨界攻角（Critical Angle of Attack）與臨界馬赫數（Critical Mach Number），試述二者間的差異（所代表的物理意義）'？

解答

一、所謂臨界攻角是指飛機在低攻角的時候，升力會隨著攻角上升，但是攻角到達某一度數時，機翼會開始產生流體分離現象，造成飛機失速，我們稱此一攻角為臨界攻角。

二、所謂臨界馬赫數是指飛機在接近音速飛行時，隨著飛行速度的增加，上翼面的速度到達音速，此時飛機飛行的馬赫數稱之為臨界馬赫數。

三、臨界攻角是指飛機到達失速的臨界點，此時飛機會產生失速，臨界馬赫數是飛機從次音速到達音速的臨界點，此時飛機會產生震波。

3. **失速速度的計算：**所謂失速速度是指飛機產生失速現象時，所對應的飛行速度，在此情況下，升力等於重力（L=W），升力係數為最大升力係數。因此失速速度的計算公式為：

$$V_{Stall} \equiv \sqrt{\frac{2W}{\rho C_{L\max}S}}$$ ，在此 S 為機翼面積。

【範例（民航特考考題）】

試推導失速（Stall）速度 $V_{Stall} = \sqrt{\dfrac{2W}{\rho C_{L\max}S}}$ ？

解答

一、假設飛機產生失速現象時，所對應的飛行速度，在此情況下，升力等於重力（L=W），升力係數為最大升力係數（$C_{L\max}$）。

二、根據升力公式 $L = \dfrac{1}{2}\rho V^2 C_L S$ ，所以 $L = W = \dfrac{1}{2}\rho V_{stall}^{\,2} C_{L\max} S$ ，所以可導出

$$V_{Stall} = \sqrt{\frac{2W}{\rho C_{L\max}S}}$$ 。

（五）機翼升力理論

1. **目的：**闡釋機翼形態、姿態與升力係數之間的關係。

2. **公式：** $C_L = \dfrac{2\pi \sin(\alpha + \dfrac{2h}{c})}{1 + \dfrac{2}{AR}}$ ，在此 C_L 為升力係數，α 為攻角，$\dfrac{h}{c}$ 為最大彎度，AR 為展弦比。

3. 化簡：

（1）二維機翼升力理論：我們稱上式為有限機翼升力理論（或三維機翼升力理論），若假設機翼為無限翼展狀況，也就是 $AR \to \infty$，則三維機翼升力理論可化簡為 $C_L = 2\pi \sin(\alpha + \dfrac{h}{c})$，我們之為二維機翼升力理論。

（2）薄翼理論：若為對稱機翼的飛機，則 $\dfrac{h}{c}$ 為 0。因 α 非常小，$\sin\alpha \approx \alpha$。所以二維機翼升力理論可化簡為 $C_L = 2\pi\alpha$，此即有名之薄翼理論。

（六）對稱機翼之升力與攻角的示意圖

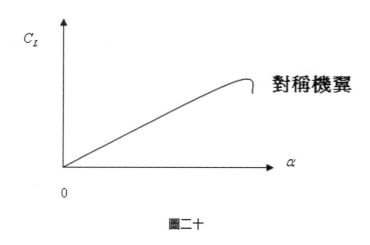

圖二十

　　從圖二十可知，由於機翼為對稱機翼，所以零升力攻角在攻角 α 為 0 的位置，升力係數曲線在到達失速攻角（或臨界攻角）前，升力與攻角成正比；當攻角達到失速攻角（或臨界攻角）時，因為會產生流體分離現象，升力會大幅下降。此時飛機無法再繼續飛行，我們稱之為失速。

【範例（民航特考考題）】

試述對稱機翼升力係數與攻角定性關係，並以薄翼理論說明該圖之特性。

解答

一、請繪出圖二十再做說明。

二、因為薄翼理論 $C_L = 2\pi\alpha$，我們可以得知 $C_L = 0 \Rightarrow \alpha = 0$，所以零升力攻角為 0。且從公式 $C_L = 2\pi\alpha$ 中可以看出：在飛機失速前，升力與攻角成正比。

二、提昇升力的裝置

（一）襟翼（Flap）

1. **用途**：當襟翼下放時，升力增大，同時阻力也增大，因此一般用於起飛和降落階段，以便獲得較大的升力，減少起飛和降落滑行距離。

2. **工作原理**：如圖二十一所示，使用襟翼以增加機翼面積和彎度，提高機翼的升力係數，起到增加升力的作用，藉以減少起飛的距離。當然在襟翼下放時亦會增加其阻力，減少降落滑行的距離。

圖二十一

PS：對具有襟翼之機翼而言，襟翼放出時可使機翼面積加大，同時加大有效攻角，故升力增加，但同時阻力也一併增加了。所以如何在適當的時機將襟翼放下至正確的角度是相當重要的。例如在起飛時，襟翼最多只能放出大約全行程的三分之一到一半，以增加升力而不增加太多的阻力；但降落時則同時須增加升力與阻力以減低速度並保持足夠之升力，所以經常被放到全行程位置。

3. 升力係數與攻角定性關係圖

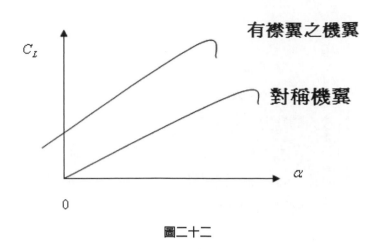

圖二十二

　　從圖二十二可知，在使用襟翼的機翼為正彎度翼剖面，所以零升力攻角在攻角 α 為負的位置，雖然臨界攻角較對稱機翼小，但升力爬升較快。當然和對稱機翼一樣，升力係數曲線在到達失速攻角（或臨界攻角）前，升力與攻角成正比；當攻角達到失速攻角（或臨界攻角）時，會發生流體分離現象，而產生失速。

【範例（民航特考考題）】

　　試述正彎度機翼升力係數與攻角定性關係，並以二維機翼升力理論說明其與對稱機翼的差異。

解答

一、請繪出圖二十二再做說明。

二、因為二維機翼升力理論：$C_L = 2\pi \sin(\alpha + \dfrac{h}{c})$，我們可以得知：

　　若 $C_L = 0 \Rightarrow \sin(\alpha + \dfrac{h}{c}) = 0 \Rightarrow \alpha = -\dfrac{h}{c}$，所以零升力攻角為負。

　　且從公式 $C_L = 2\pi \sin(\alpha + \dfrac{h}{c})$ 中可以看出：在飛機失速前，升力與攻角幾乎成正比。

三、從圖二十二中我們可以看出：正彎度機翼與對稱機翼之差異有二：

　　（1）正彎度機翼的零升力攻角不為 0，而對稱機翼的零升力攻角為 0。

　　（2）正彎度雖然臨界攻角較對稱機翼小，但升力爬升較快。

（二）翼條（Slat；又稱前緣襟翼）

1. **用途：**正常工作時與機翼主體產生縫隙，可使機翼下表面部分空氣流經上表面從而推遲氣流分離的出現，增加機翼的臨界攻角，使飛機在更大的攻角才會失速。

2. **工作原理：**如圖二十三所示，當前緣縫翼打開時，便與主翼前緣形成一道縫隙，下翼面壓力較高的氣流通過這道縫隙得到加速而流向上翼面，增大了上翼面邊界層中氣流的速度，降低了壓力，因而延緩了氣流分離的現象發生，藉以避免大攻角時可能發生的失速現象，使得升力係數得以提高。

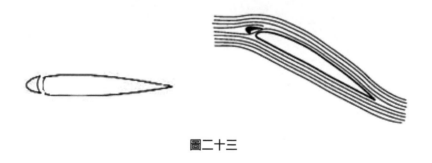

圖二十三

3. 升力係數與攻角定性關係圖

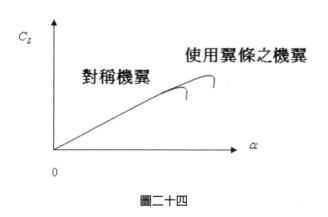

圖二十四

從圖二十四可知，使用翼條（Slat）可以使失速攻角（或臨界攻角）延後，進而提高升力。

【範例（民航特考考題）】

試述前緣襟翼（Leading edge slat）的功用與升力係數與攻角定性關係，並以薄翼理論說明與對稱機翼二者間的差異。

解答

一、請繪出圖二十四再做說明。

二、前緣襟翼可以使失速攻角（或臨界攻角）延後，進而提高升力。

三、因為薄翼理論 $C_L = 2\pi\alpha$，我們可以得知失速攻角（或臨界攻角）變大，則最大升力係數（$C_{L\max}$）速變大，因而可提昇飛機起飛時的升力。

三、飛機的阻力

在民航特考「飛行原理」與「空氣動力學」科目，「阻力」是常考的問題，但是由於多數同學未能將問題劃分成「一般物體」與「飛機」所承受的阻力，所以導致無法正確的回答題目，而導致扣分，甚至一分都沒有，因此本書在本部份就「一般物體所承受的阻力」與「飛機飛行時所承受的阻力」加以說明，說明如下：

（一）一般物體所承受的阻力

一般物體所承受的阻力可分為壓力阻力（形狀阻力）與摩擦阻力二種，各種阻力的名詞定義與發生原因詳述如下：

1. **形狀阻力／壓力阻力（Form drag/Pressure drag）**：物體形狀所造成的阻力（物體前後壓力梯差所引起的阻力），飛機做得越流線形，形狀阻力就越小。

2. **摩擦阻力（Skin friction drag）**：空氣與飛機摩擦所產生的阻力。

   PS：紊流流場（turbulent flow）的流體分離點（separation point）會比層流流場（laminar flow）延後發生，所以在紊流流場的壓力阻力（形狀阻力）會比層流流場的壓力阻力（形狀阻力）來的小

【範例（觀念題）】

何謂阻力？

解答

所謂阻力是指物體在流體中相對運動所產生與運動方向相反的力。

【範例（觀念題）】

試述降低形狀阻力的方法與原理。

解答

一、流線型：形狀越呈流線型，其所產生尾流的低壓區越小，阻力就越小，這也就是飛機的翼剖面皆選擇尖銳的尾緣設計的原因。

二、使層流變紊流：紊流慣性力大，因此發生離滯現象會比層流延後，低壓區域較小。這也就是高爾夫球表面為何設計成凹凸面的原因。

【範例（民航特考考題）】

高爾夫球飛行時，有那兩種阻力作用在球上？由空氣動力學的角度，說明高爾夫球表面為何設計成凹凸面？

解答

一、高爾夫球在飛行時，有壓力阻力（形狀阻力）與摩擦阻力二種阻力作用在球上。

二、由於形狀阻力是由物體前後的壓力梯差所造成，而摩擦阻力是由流體的黏滯性所造成。由於高爾夫球的速度大，因此物體前後壓力梯差所造成的形狀阻力（form drag）佔總阻力的絕大部份，所以用凹凸表面造成紊流現象，使流體分離（separation point）延後發生，藉以減少形狀阻力（form drag），雖然凹凸表面會造成摩擦阻力（shear drag）變大，但由於形狀阻力佔總阻力的絕大部份，因此總阻力仍然會降低。

【範例（民航特考衍生考題）】

兵乓球表面為何是光滑的設計？

是為了降低兵乓球運動時所承受的摩擦阻力。

【範例（民航特考考題）】

對於一個穩態、無非黏滯性流場的氣流流經圓球表面，請問升力與阻力為何？為何會得到此一結果？

一、根據柏努利方程式，因為圓球上下對稱無壓差，所以升力為 0。

二、一般物體所承受的阻力可分為壓力阻力（形狀阻力）與摩擦阻力二種，因為題目假設無摩擦力存在，所以摩擦阻力為 0。又依據壓力阻力定義，因為圓球左右對稱對稱無壓差，所以壓力阻力為 0。因此物體所受的阻力為 0。

三、任何物體運動都會有阻力，會造成此結果是因為題目假設穩態與無摩擦力的緣故，所以所得阻力為 0。

（二）飛機飛行時所承受的阻力

一般而言，我們可把飛機飛行所承受的阻力分成摩擦阻力、形狀阻力、誘導阻力以及干擾阻力等四類，但當飛機在穿音速飛行時，我們還需考慮因為震波所造成的震波阻力，此一阻力本書會在下章說明，現先就上述四類阻力的名詞定義與發生原因加以說明，說明如下：

1. **摩擦阻力（Skin friction drag）**：空氣與飛機摩擦所產生的阻力。

2. **形狀阻力／壓力阻力（Form drag/Pressure drag）**：物體前後壓力差引起的阻力，飛機做得越流線形，形狀阻力就越小。

3. **干擾阻力（Interference drag）**：空氣流經飛行物各組件交接點時所衍生出來的阻力。

PS：其中形狀阻力及摩擦阻力之和也稱為型阻（profile drag），而寄生阻力（Parasitic drag）＝形狀阻力＋摩擦阻力＋干擾阻力。

4. **誘導阻力**（Induced drag）：如圖二十五所示，機翼的翼端部因上下壓力差，空氣會從壓力大往壓力小的方向移動，而從旁邊往上翻，因而在兩端產生渦流，因而產生阻力。由於這種阻力是因為渦流產生，所以也稱為渦流阻力。

誘導阻力（Induced drag）

誘發原因示意圖

圖二十五

PS：當飛機接近地面時誘導阻力減少，翼端升力增大可延長滑行距離，這種效果叫地面效應，越接近地面效應越明顯。

【範例（民航特考考題）】

探討空氣流經飛機之空氣動力學時，可將阻力（drag）分為那四類？

解答

一般而言，我們可把飛機飛行所承受的阻力分成摩擦阻力、形狀阻力、誘導阻力以及干擾阻力等四類，但當飛機在穿音速飛行時，我們還需考慮因為震波所造成的震波阻力

【範例（民航特考考題）】

試述寄生阻力（Parasitic drag）的定義與種類。

解答

一、所謂寄生阻力，是指物體在流體中運動，由於流體黏度或壓差所造成之阻力。

二、寄生阻力主要可以分為形狀阻力、摩擦阻力以及干擾阻力等三種。

【範例（民航特考考題）】

試述形狀阻力、摩擦阻力、干擾阻力。與誘導阻力（Induced drag）的定義與來源。

解答

一、形狀（壓差）阻力：指因物體形狀而產生的阻力。

二、摩擦阻力：是來自流體和有相對運動物體「表面」的摩擦力，和物體和流體接觸的表面積的大小與物體表面的光滑程度以及流體的黏滯性有關。

三、干擾阻力：干擾阻力是空氣流經鄰近的二物體時，二個對流場的影響互相干擾，因而產生的阻力。

四、誘導阻力：誘導阻力是由於升力而產生，故又稱為升力衍生阻力（感應阻力）。乃是因為氣流下洗（airflow wash）使原來的升力偏轉而引起附加阻力。

（三）在次音速時寄生阻力及誘導阻力和速度之間的關係

如圖二十六所示，在次音速的速度飛行時，我們可把飛機飛行所承受的阻力分成摩擦阻力、形狀阻力、干擾阻力以及誘導阻力等四類，其中摩擦阻力、形狀阻力與干擾阻力合稱為寄生阻力，因此總阻力等於寄生阻力與誘導阻力的總合，也就是總阻力=寄生阻力+誘導阻力。在低次音速流場的阻力是以誘導阻力為主

導，而高次音速流場的阻力是由寄生阻力決定，通常大約在馬赫數為 0.5 時，阻力最低，在臨界馬赫數時，阻力最高。

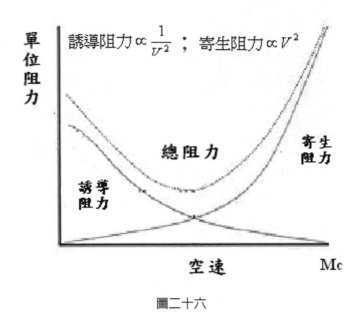

圖二十六

【範例（民航特考考題）】

試說明一架飛機以慢速飛行時所受到的阻力（drag）有那些？如果以超音速飛行時，則又有那些阻力產生？

解答

一、一般而言，我們可把飛機在低速飛行時所承受的阻力分成摩擦阻力、形狀阻力、誘導阻力以及干擾阻力等四類。

二、當飛機以穿音速飛行時，我們除了前面所提的四種阻力，還需考慮因為震波所造成的震波阻力（Wave drag）。

【範例（民航特考考題）】

試說明飛機在次音速飛行時，阻力種類與速度之間的關係

一、請繪出圖二十六再做說明。

二、在次音速的速度飛行時，我們可把飛機飛行所承受的阻力分成寄生阻力與誘導阻力二種，總阻力＝寄生阻力＋誘導阻力。在低次音速流場的阻力是以誘導阻力為主導，而高次音速流場的阻力是由寄生阻力決定。

（四）誘導阻力所引發的現象

1. **誘導攻角（Induced Angle of Attack）造成升力減少：**如圖二十七所示，機翼的翼端部因上下壓力差，而產生誘導阻力，這種現象會使有效攻角變小。而原本的攻角與有效攻角之差，我們稱之為誘導攻角。我們知道在飛機到達臨界攻角前，升力與攻角成正比，因為誘導阻力會使有效攻角變小，由於攻角變小，相對升力亦隨之變小。

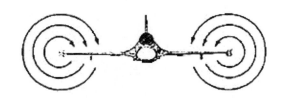

誘導攻角（Induced Angle of Attack）
誘發原因示意圖

圖二十七

【範例（民航特考考題）】

何謂誘導攻角（Induced Angle of Attack）？

一、請先繪出圖二十七後再做說明。

二、機翼的翼端部因上下壓力差，空氣會從壓力大往壓力小的方向移動，而從旁邊往上翻，產生氣流下洗（airflow wash），因而使得有效攻角變小，並造成額外的阻力，我們稱這種阻力為誘導阻力，而原本的攻角與有效攻角之差為誘導攻角。

【範例（民航特考考題）】

試以薄翼理論說明誘導攻角（Induced Angle of Attack）造成升力變少的原因？

解答

因為誘導阻力會使有效攻角變小，根據薄翼理論 $C_L = 2\pi\alpha$，升力與攻角成正比，由於有效攻角變小，所以相對的升力亦隨之變小。

2. 翼端渦流（Trailing Vortices）與尾流效應（Wake effect）

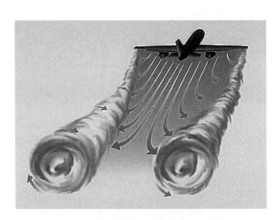

圖二十八

(1) **翼端渦流（Trailing Vortices）**：如圖二十八所示，當機翼產生升力時，機翼下表面的壓力比上表面的大，而機翼長度又是有限的，機翼的翼端部因上下壓力差，所以下翼面的高壓氣流會繞過兩端翼尖，向上翼面的低壓區流去，因此在兩端產生渦流，越接近翼端，渦流越強，我們稱此渦流為翼端渦流。

（2）**尾流效應（Wake effect）**：如圖二十八所示，翼端渦流會向後擴散，跟在大飛機後面起降的小飛機，如果距離太近會被捲入大飛機留下翼尖渦流中，而發生墜機事故。大型噴射客機所產生的翼端渦流，其體積甚至可以超過一架小飛機，且留下的翼端渦流有時可以持續數分鐘仍不散去，這也就是機場航管人員管制飛機起降，通常要有一定隔離時間的原因。

【範例（民航特考考題）】

何謂翼端渦流（Trailing Vortices）？

解答

一、請先繪出圖二十八後再做說明。

二、所謂翼端渦流是誘導阻力所導致的氣流下洗（airflow wash）現象，在翼端所產生的渦流，越接近翼端，渦流越強。

【範例（民航特考考題）】

何謂尾流效應（Wake effect）？

解答

一、請先繪出圖二十八後再做說明。

二、所謂尾流效應是誘導阻力所引發的翼端渦流會向後擴散的現象。

（五）減少誘導阻力的方法

由機翼的翼端部會因為上下壓力差，而產生誘導阻力，使阻力增加、升力減少以及引發尾流效應，所以航空界想盡方法欲減少或避免誘導阻力的發生，一般民航機使用的方式列舉如下：

1. **翼端扭曲（aerodynamic twist）**：例如零式的主翼翼端比翼根帶-0.5度攻角。

2. **翼端小尖（Winglet）**：如圖二十九所示，設置在翼尖處，並向上翹起之平面，能透過改變翼尖附近的流場從而削減翼尖因上下表面壓力不同所產生之渦流。

翼端小尖

圖二十九

【範例（民航特考考題）】

何謂翼端小尖（Winglet）？

解答

設置在翼尖處，並向上翹起之平面，透過改變翼尖附近的流場從而削減翼尖因上下表面壓力不同所產生之渦流，達到減少誘導阻力與誘導阻力所引發的現象之目的。

（六）在穿音速與超音速時阻力係數與速度的關係

如圖三十所示，飛機在到達臨界馬赫數時，由於震波出現，阻力係數急速增加，超過音速後，由於通過音障，阻力係數又再次遞減，大約在馬赫數等於 2 時，阻力係數幾乎不變。

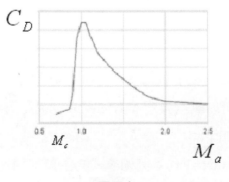

C_D

M_c

M_a

圖三十

PS：阻力與阻力係數的關係 $D = \dfrac{1}{2}\rho V^2 C_D S$，同學必須注意。

四、飛機的推力

（一）發生原因（牛頓第三運動定律）

　　所謂牛頓第三定律是說作用在物體上的力都有大小相等，方向相反的作用力與反作用力，當飛機藉由發動機產生噴射氣流對空氣施力，空氣會對飛機產生一大小相等，方向相反的反作用力，因而產生推力。

（二）渦輪噴射發動機之推力公式

1. **淨推力公式：**$T_n = \dot{m}_a(V_j - V_a) + A_j(P_j - P_{atm})$

2. **總推力公式：**$T_g = \dot{m}_a(V_j) + A_j(P_j - P_{atm})$

3. **公式各項所代表的意義**

（1）T_n：**淨推力**

（2）T_g：**總推力**

（3）$\dot{m}_a$：**空氣的質流率**

（4）V_j：**引擎的噴射速度**

（5）V_a：**空速**

（6）A_j：**引擎噴嘴的出口面積**

（7）P_j：**引擎噴嘴出口的壓力**

（8）P_{atm}：**周遭的大氣壓力**

4. **淨推力與總推力相等的情況：**當空速（V_a）等於 0 時，也就是飛機在地面試車或引擎在試車臺試車時。

（三）影響噴射發動機推力之因素

1. **轉速**：轉速與推力成正比，即推力之大小由油門控制。轉速愈高，推力增加愈速。由於噴射發動機轉速對推力之影響與活塞發動機推力特性不同。當低轉速時，轉速稍增，推力增加甚微。但在高轉速時，油門稍增，推力將增加甚多。故噴射發動機多在高轉速下運轉。一來可發揮其效率，二來可節省燃料。

2. **高度**：推力與高度成反比，當高度增加時，由於氣壓降低，空氣密度減小，故推力低，但高度增加，空氣阻力亦因空氣稀薄而降低，不致影響飛機速度，故噴射飛機多在高空以高速飛行，以增加效率。

3. **氣溫**：推力與大氣溫度成反比，溫度增高，空氣密度減少，推力降低，故熱帶起飛需較長跑道。

4. **氣壓**：推力與大氣壓力成正比。氣壓增加，空氣密度增加，推力增大，所以發動機在海平面高度操作時可輸出最大推力。低空大氣壓力大，推力大，但空氣阻力也是最大，所以耗油量亦增加，故噴射機低空飛行較耗油。

5. **排氣速度與飛機速度**：排氣速度大，則推力大，故有後燃器之裝置。假設排氣速度不隨飛機速度變化，當飛機速度增加時，推力反而減少（Vj-Va 之差值愈小），但由於空氣之衝壓效應影響，空氣流量亦隨飛機速度增加而增加，燃燒室可燃燒更多燃油，故造成推力大致不變。

6. **進氣口與排氣口面積**：噴射發動機在運用上，須大量進氣獲得推力。如進氣口狹小，進氣不足，必影響推力，故在進口設有防冰裝置，避免高空飛行時，進氣口結冰而減少進氣口面積。排氣口面積直接影響排氣度，當高度突然增加至數萬呎，空氣稀薄，為避免排氣溫度超過極限，必須減速，但推力將有損失，近代尾管面積多為可調者。俾控制尾管溫度，使發動機保持最佳效率。

7. **濕度**：濕度大，即空氣中含水蒸汽較多，空氣密度小，發動機推力亦減少，反之推力較大。

【範例（民航特考考題）】

試列舉影響噴射發動機推力之因素。

解答

影響噴射發動機推力之因素大抵可分成轉速、高度、氣溫、氣壓、排氣速度與飛機速度、進氣口與排氣口面積以及濕度等七大因素。

【範例（民航特考考題）】

試說明高度、密度、氣溫、氣壓以及飛機速度對噴射發動機推力之影響。

解答

請參照「影響噴射發動機推力之因素」內容說明。

（四）飛機在平飛時不同的推力分類

1. **需求推力（Required Thrust）**：飛機在特定高度下平飛時所需要的推力，此時飛機所需的推力等於阻力。
2. **可用推力（Available Thrust）**：飛機在特定高度下平飛，不同空速下發動機所能提供的最大推力值。
3. **剩餘推力（Excess thrust）**：飛機可用推力減去需求推力後的剩餘推力值。

【範例（民航特考觀念題）】

試問需求推力（Required Thrust）、可用推力（Available Thrust）以及剩餘推力（Excess）三者之間的關係為何？

解答

剩餘推力＝可用推力-需求推力。

【範例（民航特考觀念題）】

請問飛機在巡航飛行時，需求推力（Required Thrust）如何計算？

解答

所謂需求推力（Required Thrust）是指飛機在特定高度下平飛時所需要的推力，此時飛機所需的推力等於阻力。所以飛機在巡航飛行時，需求推力是以 $D = \dfrac{1}{2}\rho V^2 C_D S$ 計算，在此 D、ρ、V、C_D、S 分別為阻力、空氣密度、空氣速度、阻力係數與機翼面積。

第七章

飛機的飛行狀態

本章主要使同學瞭解飛機飛行的狀態以及在不同狀態下所承受力的種類以及各力彼此的關係，讓同學對飛機起降過程與運動狀態能有所瞭解。說明如下：

一、飛航過程

　　一般而言，我們將民航起降的過程分成：滑行、起飛、爬升、巡航、下降、進場以及著路等階段，而在爬升階段我們又將其分成初期爬升與航路爬升二個部份。各階段說明如下：

（一）滑行（Taxi）

　　所謂滑行（Taxi）是指飛機起飛前或著陸後在地面緩慢滑動的動作。

（二）起飛（Takeoff）

　　所謂起飛（Takeoff）是指飛機離開地面開始飛行的動作。

1. **失速攻角與失速速度的定義：** 此二定義在本書第六章均有詳細說明，但為使讀者對後續觀念能有更深一層的認識，所以作者在此將其摘錄，使讀者能更易瞭解以下內容，由於此二定義及相關現象為航空業界與民航考試所關注之重點，如果讀者想要更進一步的瞭解，還請詳細閱讀本書第六章的相關內容。摘錄重點如下：

（1）　**失速攻角的定義：** 在低攻角的時候，升力會隨著攻角上升，但是攻角到達某一度數時，機翼會開始產生流體分離現象，造成飛機失速，我們稱此一攻角為臨界攻角或失速攻角。除此之外，我們亦可定義最大升力係數所對應的攻角為臨界攻角或失速攻角。

（2） **失速速度的定義：**所謂失速速度是指飛機產生失速現象時，所對應的飛行速度，在此情況下，升力等於重力（L=W），升力係數為最大升力係數。因此失速速度的計算公式為

$$V_{Stall} \equiv \sqrt{\frac{2W}{\rho C_{L_{max}}S}} \text{。}$$

2. 重要名詞解釋

（1） **起飛速度（VTO）：**法規規定，為安全起見，飛機起飛（takeoff）速度必須大於失速速度的 1.1 倍，但若飛機的起飛速度（VTO）為失速速度的 1.1 倍，則升力等於重力，即無法將平行的飛機自跑道的拉起，轉向至爬升角度，故飛機的起飛速度為失速速度的 1.2 倍。

（2） **起飛攻角：**法規規定，為安全起見，飛機起飛（takeoff）速度必須大於失速速度的 1.1 倍，因為升力與速度的平方成正比，所以起飛攻角為失速攻角的 1/1.21=0.8，若飛機的起飛速度為失速速度的 1.1 倍，則升力等於重力，即無法將平行於跑道的拉起，轉向至爬升角度，故飛機的起飛速度為失速速度的 1.2 倍，起飛攻角為失速攻角的 1/1.21=0.8 倍。

（三）爬升（Climb）

　　所謂 Climb 是指一架飛機從起飛後爬升到一定高度（巡航高度）的飛行階段。而在爬升階段我們又將其分成初期爬升與航路爬升二個部份。其理由與爬升過程詳述如下：

1. 爬升過程與說明

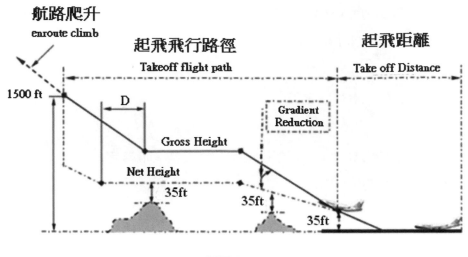

圖三十一

　　如圖三十一所示，爬升階段我們又將其分成初期爬升與航路爬升二個部份，在飛機起飛後和收襟翼的初期階段，我們稱之為「**初始爬升**」階段，從起飛飛行航跡結束點（1500ft）爬升到到規定的巡航高度的階段，我們稱之為「**航路爬升**」階段。爬升會做分段爬升是因為噴射發動機的特性，在低空時密度大，所以推力大。反之在高空時密度小，所以推力小。所以飛機在爬升時，除了避開高樓、小山與其他障礙物外，通常會在低空時盡量加速，等到速度高時，才會繼續向上爬升，如此可將推力保持到最大。

2. 重要名詞解釋

（1）**爬升率（Rate of Climb）**：爬升率又稱爬升速度，是指爬升的快慢程度，也就是單位時間所獲得的高度。

（2）**爬升坡度（Climb Gradient）**：亦稱為爬升角，即爬升之飛行路徑與水平面所形成的角度。也就是爬升時所增加的垂直高度與爬升時所移動的水平距離之比值，以%來表示。其公式如下：

$$爬升坡度 = \frac{爬升所增加的垂直高度}{爬升所移動的水平距離} \times 100\% = \tan\theta$$

在此 θ 為爬升角。

（四）巡航（Cruise）

1. **定義：** 所謂 Cruise 是指飛機爬升到一定高度（巡航高度）時就收小油門，稱為平飛，這時候升力等於重力，推力等於阻力，也就是 $L = W$；$T = D$，此時飛機會保持平穩、等高及等速飛行之狀態。

2. **巡航速度**

（1）　**定義：** 所謂巡航速度是指發動機在每公里消耗燃油最少的情況下飛機的飛行速度。這個速度一般為飛機最大平飛速度的 70%～80%，巡航速度狀態的飛行最經濟而且飛機的航程最大。

（2）　**公式：** 因為在巡航狀態下，升力等於重力，所以根據升力公式

$$L = W = \frac{1}{2}\rho V^2 C_L S$$

我們可以得出巡航速度為 $V = \sqrt{\dfrac{2W}{\rho C_L S}}$

（五）下降（Descent）

　　所謂下降（Descent）是指飛機接近目的地時，由巡航高度開始漸漸減少其飛行高度，最後到達進場高度或指示其空中待命的空域為止，這飛行階段稱之為下降。

（六）空中待命（Holding）

　　所謂空中待命（Holding）指飛機待降時在等待空域（空中待命）的飛行階段。

（七）進場（Approach）

　　由開始操作準備降落機場，到到達跑道端（Runway End）上空 50ft（15m）之高度的飛航階段，我們稱之為進場階段。

PS1：現在飛機大多使用儀表飛航（IFR，Instrument Flight Rule）的方式，儀器飛航下的進場方式可分為初期進場（Initial Approach）、中期進場（Intermediate Approach）及最終進場（Final Approach）三階段，所以最終進場（Final Approach）是指飛機自進場到著陸（Landing）的最後飛行（進場）階段。

PS2：儀表進場分成初期進場（Initial Approach）、中期進場（Intermediate Approach）及最終進場（Final Approach）三階段。其中，中期進場有時也以在待命航道上盤旋等待進場的方式，稱為盤旋進場（Circling Approach）。相對於此，若飛機不進行盤旋，而直接進入最終進場的方式，則稱為直線進場（Straight-In Approach）。而依進場方式情況的不同，有時也省略初期進場及中期進場。

（八）降落（Landing）

所謂降落（Landing）就是指飛機飛進機場，將襟翼放到降落型態的位置，並放下起落架，一邊維持 2.5～3°的進入角，以規定的航速飛到跑道端上方 50ft（15m）之高度，將機首拉高以減低下沉速度開始降落，法規規定，為安全起見，飛機觸地（touch down）速度必須大於失速速度的 1.15 倍。為安全起見，通常 VTD 為失速速度的 1.3 倍。

【範例（民航特考考題）】

試述 Taxi、Takeoff、Climb、Cruise、Descent、Approach 及 Landing 的中文意思並加以說明。

解答

一、Taxi：Taxi 的中文意思為滑行，是指飛機起飛前或著陸後在地面緩慢滑動的動作。

二、Takeoff：Takeoff 的中文意思為起飛，是指飛機離開地面開始飛行的動作。

三、Climb：Climb 的中文意思為爬升，Climb 是指一架飛機從起飛後爬升到一定高度（巡航高度）的飛行階段。

四、Cruise：Cruise 的中文意思為巡航，是指飛機爬升到一定高度（巡航高度）時改為平飛的飛行階段。

五、Descent：Descent Cruise 中文意思是下降，是指飛機接近目的地時，由巡航高度開始漸漸減少其飛行高度，最後到達進場高度或指示其空中待命的空域為止，這飛行階段稱之為下降。

六、Approach：Approach 的中文意思是進場，是指飛機由開始操作準備降落機場，到到達跑道端（Runway End）上空 50ft（15m）之高度的飛航階段。

七、Landing：Landing 的中文意思是著陸，是指飛機自進場階段至飛機觸地的飛行階段。

【範例（民航特考考題）】

請問飛機在巡航階段，受到那些力量的作用？又在此條件下，那些力要平衡？

解答

飛機飛行時主要有升力、阻力、推力以及重力作用在飛機上，當飛機爬升到巡航高度時就收小油門，稱為平飛，這時候升力等於重力，推力等於阻力，也就能定速及等高度飛行。

【範例（民航特考考題）】

何謂失速？請問起飛攻角與失速攻角的關係？

解答

一、所謂失速是指飛機到達臨界攻角時，產生升力急速下降的情形。

二、法規規定，為安全起見，起飛攻角最大為失速攻角的 0.8 倍。

【範例（民航特考考題）】

何謂失速？請問失速速度如何計算？

解答

一、所謂失速是指飛機到達臨界攻角時，產生升力急速下降的情形。

二、公式的計算公式為 $V_{Stall} \equiv \sqrt{\dfrac{2W}{\rho C_{L\max} S}}$，在此 W 為飛機重量，S 為機翼面積，為最大升力係數（$C_{L\max}$）。

【範例（民航特考考題）】

試述起飛速度（VTO）與失速速度的關係。

解答

法規規定，為安全起見，飛機起飛（takeoff）速度必須大於失速速度的 1.1 倍，但若飛機的起飛速度（VTO）為失速速度的 1.1 倍，則無法將平行的飛機自跑道拉起，所以飛機的起飛速度為失速速度的 1.2 倍。

【範例（民航特考考題）】

飛機起飛與降落（Take-off and landing）時，安全的速度控制很重要，請問此安全速度會由什麼條件所決定（或控制）？為什麼？

解答

法規規定，為安全起見，飛機起飛（takeoff）速度必須大於失速速度的 1.1 倍，但若飛機的起飛速度（VTO）為失速速度的 1.1 倍，則升力等於重力，即無法將平行的飛機自跑道拉起，轉向至爬升角度，故飛機的起飛速度為失速速度的 1.2 倍。飛機觸地（touch down）速度必須大於失速速度的 1.15 倍。為安全起見，通常 VTD 為失速速度的 1.3 倍。由上可知，根據法規飛機起飛與降落（Take-off and landing）時的安全速度控制取決於飛機的失速速度，但是氣候的狀況、能見度以及機場跑道擁擠的情況亦是考慮的因素。

【範例（民航特考觀念題）】

請問為何飛機在爬升時，會做分段爬升？

解答

爬升會做分段爬升的原因是因為噴射發動機的特性，在低空時密度大，所以推力大。反之在高空時密度小，所以推力小。所以飛機在爬升時，除了避開高樓、小山與其他障礙物外，通常會在低空時盡量加速，等到速度高時，才會繼續向上爬升，如此可將推力保持到最大。

二、V 速率（V-speeds）

所謂 V 速率是用來表示飛機的特定速度，藉以確保飛機起飛安全，這個速率會隨著飛行器重量、跑道情況、氣溫、飛機的類別（例如滑翔機、噴射飛機）而改變，列表如下：

V 速率	描述
V_1	決定起飛速度，如果出現發動機異常或者火警的等危險狀況，機師必須放棄起飛，若超出此速率，就必須要離地起飛。
V_2	安全起飛速度，這是指具有兩台或以上發動機的飛機，在 V1 有一台發動機發生故障時，飛機能安全起飛的最低速率。
V_{2min}	最小安全起飛速度。
V_{FE}	最大襟翼伸展速度。
V_{NE}	絕不超過速度。
V_{NO}	最大結構巡航速度，在亂流中超過此速率有可能造成航機結構損壞。
V_R	仰轉速度，機師開始拉起機頭起飛的速率，當飛機到達此速率的時候，就已經產生飛機起飛所需要的速率以及升力。
V_{LOF}	升空速度，大型飛機上，拉起機頭仰轉到實際機輪升空通常有一段時間間隔；升空速率是機輪離地時的速率。

【範例（民航特考考題）】

何謂 V 速率（V-speeds）？

解答

所謂 V 速率是將飛機起飛時的各種特定速度加以規範，藉以確保飛機起飛的安全。

【範例（民航特考考題）】

當飛機起飛如果出現發動機異常或者火警的等危險狀況，請問駕駛如何處置？

請參照「V 速率表」中之「V₁」之描述做答。

【範例（民航特考考題）】

為何載客用之民用飛機必須使用兩具以上的發動機？另詳細說明如飛機在起飛且尚未離開地面時，發動機之一如熄火則飛行員應有的處置方式，為什麼？

一、雙發動機的功用是為應付萬一其中一具發動機故障時的情況。

二、若飛機的速度低於 V_1（決定起飛速度；Take-Off Decision Speed），發動機出現問題或者其它飛安狀況發生，飛行員可以選擇放棄起飛，因為飛機還有足夠的跑道剎車且停下來。相反的，如果飛機加速到 V1 後才發生問題，這時飛行員無論如何一定要讓飛機先起飛再說，因為放棄起飛的話，可能會因為速度太快加上剩餘跑道不夠長，因而衝出跑道（煞不住），所以到在空中再處理發生的狀況反而比較安全。

【範例（民航特考衍生考題）】

為何飛機起飛時，速度不可以大於絕不超過速度（V_{NE}）？

因為飛機起飛時，速度大於 V_{NE}，會因為速度太快而衝出跑道，飛機根本來不及起飛。

三、飛機機動

　　飛機的飛行狀態（速度、高度和飛行方向）隨時間變化的飛行動作，我們稱之為機動。飛機在單位時間內改變飛行狀態的能力稱機動性。飛機飛行狀態改變的範圍越大，改變狀態所需的時間越短，則飛機的機動性就越好，這是評價軍用飛機性能優劣的主要指標之一。飛機在機動飛行時，若做向上或在水平面內彎曲向左或向右，升力應大於飛機重力。通常把機動飛行時飛機升力與飛機重力的比值稱為法向負載。機動性能高的飛機能承受較大的負載。航跡彎曲向下時，法向負載小於 1。

四、負載因子（Load Factor；LF）

（一）定義

　　負載因子（Load Factor；LF）即是飛機機翼支持的重除以飛機本身的重量。飛機在等速等高同水平的飛行時，其負載因子為 1，但當飛機在作一曲線或轉圈時，另一種力量，即是離心力會加諸在機翼上，即是飛機機翼必須負擔機身本身重量外，還必須要加負擔上因曲線或轉圈時所產生的離心力。因此飛機在做曲線或轉圈運動的飛行時，其負載因子是大於 1 的。通常負載因子是以"g"來表示，此地"g"即是地球的重力加速度。**所以我們可以把負載因子（Load Factor；LF）定義為機翼承受的負載除以飛機總重或實際負載與重力的比值。**

（二）公式

$$負載因子(LF) \equiv \frac{機翼承受的負載}{重力}$$

（三）飛機在側飛時，負載因子的計算

　　如圖三十二所示。

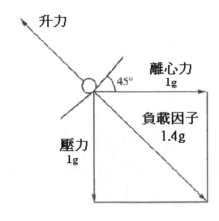

側飛角	負載因子(LF)
0°	1
20°	1.06
30°	1.15
45°	1.41
60°	2.0
80°	5.75

圖三十二

（四）飛機在做圓周運動時，負載因子的計算

當飛機從升力等於重力（L=W）的平飛狀態突然向上拉高（pullup）做鉛垂面的圓周運動時，機翼所承受的負載為重力加上離心力（$\frac{mV_\infty^2}{R} = \frac{WV_\infty^2}{Rg}$）。

所以負載因子（Load Factor；LF）為 $LF = \dfrac{W + \dfrac{WV_\infty^2}{Rg}}{W} = 1 + \dfrac{V_\infty^2}{Rg}$。

（五）負載因子的規定

因為以近戰纏鬥取勝的戰鬥機或是以空中表演為主的飛機，其結構設計皆以負載因子為設計目標，也就是必須要確保飛機機翼的結構強度足以抵抗如此高的負荷。有鑒於此，美國航空總署 FAA（Federal Aviation Administration）曾制定有關負載因子的規定如下：

一般飛機（**Normal Type**）**LF ＝ 3 . 8**（非飛行表演機）

簡單飛行表演飛機（**Utility Type**）**LF ＝ 4 . 4**

飛行表演機（**Acrobatic Type**）**LF ＝ 6 . 0**

因此設計此類飛機必須以此規定之荷重參數為準才能通過 FAA 之驗證許可
（Type Certificate）。

（六）G 力

1. **定義：** 當飛機改變慣性，如加減速或是進行非直線動作時即會產生正或負的 G
   力。在航空界中，我們定義 1G 定義為航空機在海平面飛行時的升力和受到地
   球引力而往下吸引的力量相平衡時的值，**一般而言，我們定義 G 力為飛機所
   承受的加速度與重力加速度的比值。**

2. **G 力的正負：** 飛機**所承受**的 G 力與飛機原有的位置及方向有關，當飛機加速、
   攀升或進行非直線的運動時，就會產生正 G 力。相對的，當飛機減速或下降時，
   就會產生負 G 力。

3. **G 力所造成的影響：** 其實在生活中隨時都會產生額外 G 力，但是多半因為過
   於微小因此往往被忽略，若要明顯體驗則可利用高速的器材或交通工具，例如
   雲霄飛車或高速鐵路，但此類方式所產生的 G 力仍舊在一般人體的可承受範圍
   之內，而對於隨時在進行超高速動作的飛行員而言，G 力卻是不可忽視的一個
   重要關鍵，且往往決定生死。首先是飛行器的組件，包括蒙皮、剛性結構及接
   合點皆有可能因為超高或長期的 G 力之影響，而產生材質疲勞或劣化，極有可
   能會造成損壞而導致嚴重後果，甚至是支撐不住而在空中解體。一般而言，正
   常狀態下的人體所能承受的最大極限為正 9G 到負 3G 之間，而當正 G 力越大
   時，血液會因壓力而從頭部流向腿部而使腦部血液量銳減，此時二氧化碳濃度
   會急遽增加，並因缺血缺氧而影響視覺器官造成所謂的「黑視症」（Blackout）。
   反之，當負 G 力過大時，身體的血液會反向的由下往腦部集中，造成腦部充血
   危及「微血管」，同時眼球也因過度充血而使得進入的光線都呈現血液色，稱
   為「紅視症」（Redout）。一般來說，短暫的「紅視症」與「黑視症」只是人體
   自我保護機制產生的警訊，用以警告人體已經瀕臨極限，倘若繼續維持甚至增
   加 G 力，腦部將再因保護機制而關機：昏厥，此時飛機會有極度危險。除此之
   外，當 G 力超過人腦所能負荷極限時，則人腦將因長時間過度缺氧或充血的血

管破裂而造成永久性傷害，最嚴重的即是因為腦部嚴重損壞而造成死亡，或是脆弱的內部組織因持續遭受高 G 力而產生破裂，造成嚴重出血並危及生命。另外根據研究，許多飛航意外喪生的乘客，都是因為墜落過程或觸地一瞬間產生的強大 G 力即已死亡，而非之後的災難（火災、壓迫……）而導致死亡。

4. 抵抗或避免的方法：

（1） **抗 G 衣**：目前最有效也最普遍的減緩方式是抗 G 衣，當高正 G 力產生時，飛行員所穿著的抗 G 衣即會在四肢充氣增加壓力藉以逼使血液迴流至腦部。

（2） **自我監測微調或利用液壓控制**：一般的抗 G 衣會因手部末端充氣而導致無法精準操控，因此部分新式抗 G 衣增加自我監測微調或利用液壓而達到精準的血液流量控制。

（3） **盡量避免大動作飛行**：如上所述，當飛機改變慣性進行大動作的飛行，即會產生很大的 G 力（正 G 力或負 G 力），所以盡量避免大動作飛行可以避免飛機飛行時機體與人員的危害。事實上民航機進行大動作飛行的時機幾乎是沒有，而戰鬥機多發生在迎敵纏鬥或躲避飛彈的時刻，才會進行大動作的飛行。

（4） **動態恢復**：動態恢復是現在正研究的一種輔助方式，系統隨時監測飛行員的生理狀態，當飛行員陷入昏厥時系統自動接手飛行器，將飛行器校正至 G 力較小的狀態，同時利用刺激裝置（電擊、嗅覺……）使飛行員清醒。

【範例（民航特考考題）】

何謂負載因子（Load Factor；LF）？

> 解答

所謂負載因子（Load Factor；LF）即是飛機機翼支持的重除以飛機本身的重量。所以我們可以把負載因子（Load Factor；LF）定義為機翼承受的負載除以飛機總重或實際負載與重力的比值。

【範例（民航特考考題）】

飛機在巡航飛行時，負載因子為何？

解答

因為負載因子（Load Factor；LF）即是飛機機翼支持的重除以飛機本身的重量。飛機在巡航飛行時，升力等於重力，所以負載因子等於 1。

【範例（民航特考考題）】

飛機在做鉛錘面向上的圓周運動時，負載因子為何？

解答

因為飛機在做鉛錘面向上圓周運動時，離心力 $\dfrac{mV_\infty^2}{R} = \dfrac{WV_\infty^2}{Rg}$，機翼所承受的負載為重力加上離心力，根據負載因子公式：負載因子（LF）$\equiv \dfrac{\text{機翼承受的負載}}{\text{重力}}$，

所以 $LF = \dfrac{W + \dfrac{WV_\infty^2}{Rg}}{W} = 1 + \dfrac{V_\infty^2}{Rg}$。

【範例（民航特考考題）】

何謂 G 力？

解答

一般而言，我們定義 G 力為飛機所承受的加速度與重力加速度的比值。

【範例（民航特考考題）】

試述抵抗或避免 G 力影響的方法？

解答

一般而言，目前抵抗或避免 G 力影響的方法有 1.抗 G 衣，2.自我監測微調或利用液壓控制，3.盡量避免大動作飛行，4.動態恢復等四種方法。

五、飛機起飛與降落的運動方程式

　　一般人都以為飛機起飛時機頭是向上，而降落時機頭是向下，這是不對的觀念，飛機起飛與降落時，機頭都是向上。飛機起飛時機頭向上，是為了增加升力，而飛機降落時機頭向上，是為了增加阻力，此二者乃是為了減少起飛與降落的距離，其升力、阻力、推力與重力間的關係如如圖三十三所示。

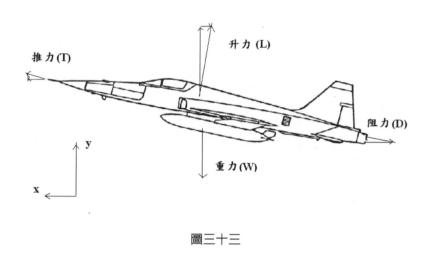

圖三十三

　　從圖三十三中我們可以看出飛機起飛與降落的運動方程式為

$$F_x = T\cos\theta - L\sin\theta - D\cos\theta$$

$$F_y = T\sin\theta + L\cos\theta - D\sin\theta - W$$

【範例（民航特考考題）】

試列出飛機起飛與時運動方程式。

解答

一、請先繪出圖三十三後再做說明。

二、從圖三十三中我們可以看出飛機起飛運動方程式為

$$F_x = T\cos\theta - L\sin\theta - D\cos\theta$$

$$F_y = T\sin\theta + L\cos\theta - D\sin\theta - W$$

在此 θ 為飛機起飛時與地面的角度

PS：在題目，θ 為飛機起飛時與地面的角度，而不是飛機起飛時的攻角，請同學千萬不要搞錯。

第八章

飛行速度區域

本章主要使同學瞭解飛機在不同速度區域的特性，特別是次音速與超音速的分界與特性，讓同學對民航機的特性能更加瞭解，說明如下：

一、音（聲）速

（一）定義

所謂音速是指聲音傳播的速度，其定義為 $a \equiv \sqrt{\left.\dfrac{\partial P}{\partial \rho}\right|_{S}} = \sqrt{\left.r\dfrac{\partial P}{\partial \rho}\right|_{T}}$ 。

（二）公式

$a = \sqrt{rRT}$ ，**在此 1.** $\gamma = 1.4$ ；**2.空氣氣體常數** $R = 287 \dfrac{m^2}{\sec^2 K}$

從公式中，我們可以看出音（聲）速與溫度的次方成正比，由於高度越高，溫度越低，所以音速也就越慢。

（三）公式證明

因為 $P = \rho RT \Rightarrow \left.\dfrac{\partial P}{\partial \rho}\right|_{T} = RT$ ，所以 $a \equiv \sqrt{\left.r\dfrac{\partial P}{\partial \rho}\right|_{T}} = \sqrt{rRT}$ ，故得證。

（四）常用的音（聲）速值

1. **地面零點時**：340.294 公尺／秒＝1225 公里／時＝1 音速。

2. **一萬公尺高時：**296.394 公尺／秒=1067 公里／時＝1 音速。在此一萬公尺高是民航機慣用的巡航高度。從上述資料中，我們可知：在對流層時，音（聲）速值會隨著高度的增加而變慢。

【範例（民航特考考題）】

試述音（聲）速的定義。

解答

所謂音速是指聲音傳播的速度，其公式定義為 $a \equiv \sqrt{rRT}$。

【範例（民航特考考題）】

試證明音（聲）速 $a = \sqrt{rRT}$。

解答

因為音（聲）速定義 $a \equiv \sqrt{\left.\dfrac{\partial P}{\partial \rho}\right|_S} \equiv \sqrt{\left. r\dfrac{\partial P}{\partial \rho}\right|_T}$，又因為理想氣體方程式 $P = \rho RT$，

所以 $\left.\dfrac{\partial P}{\partial \rho}\right|_T = RT$，因此我們可以推論出 $a \equiv \sqrt{\left. r\dfrac{\partial P}{\partial \rho}\right|_T} = \sqrt{rRT}$，故得證。

【範例（民航特考考題）】

試述音（聲）速與溫度和高度的關係。

解答

因為 $a = \sqrt{rRT}$，而在對流層區域內溫度會隨高度遞減，在平流層中，溫度可視為常數，所以在對流層時，音（聲）速值會隨著高度的增加而變慢；而在平流層中，音（聲）速可視為常數，也就是說在平流層中，音（聲）速值並不隨高度改變。

【範例（民航特考考題）】

若飛機在壓力 P=450 kPa，$29.2^0 C$ 的情況下飛行，請問音速值為何？

解答

因 為 $T_2 = (29.2 + 273)K = 302.2K$ ，又 因 為 $a = \sqrt{rRT}$ ，所以音速值

$a = \sqrt{rRT} = \sqrt{1.4 \times 0.287 \times 1000 \times 302.2} = 348 m/\sec$ 。

PS1：音速值計算中，使用公式用的溫度都是絕對溫度（也就是 K 與 ^0R），同
學必須特別注意。

PS2：從題目可知音速值的大小，僅與溫度有關，同學必須特別注意。

二、馬赫數

（一）定義

馬赫數為空速與音速的比值，其公式定義為 $M_a \equiv \dfrac{V}{a}$。

PS：在此 V 不是表示體積，而是代表空速（飛機速度）。

（二）馬赫角

$$\theta = \sin^{-1} \frac{1}{M_a} \Rightarrow \sin \theta = \frac{1}{M_a}$$

【範例（民航特考考題）】

一架飛機以時速 700 公里（km/hr）在高度為 10 公里（km）進行巡航（cruise）飛行。若機身外面空氣量得的溫度為 223.26 K（Kelvin），壓力為 2.65×10^4 牛頓／公尺 ^{2}（N/m^2），密度為 0.04135 公斤／公尺 3（kg/m^3）。已知氣體常數（gas constant）為 287 公尺 ^{2}／秒 ^{2}K（m^2/sec^{2}K）。試計算在此高度的聲音速度（speed of sound）。而此時飛機的飛行馬赫數（Mach number）為多少？

> 解答

在此必須注意速度單位轉換 $V_1 = 700\, km/hr = 700 \times 1000/3600\,(m/s)$

（一）$a = \sqrt{\gamma RT} = \sqrt{1.4 \times 287 \times 223.6} = 299.7(m/s)$

（二）$M_a = \dfrac{V}{a} = \dfrac{194.4}{299.7} = 0.65$

【範例（民航特考考題）】

若飛機以 $M_a = 2$ 的速度飛行，試求馬赫角 θ ？

解答

因為馬赫角 $\theta = \sin^{-1} \dfrac{1}{M_a} \Rightarrow \sin\theta = \dfrac{1}{M_a}$ ，因為 $\sin\theta = \dfrac{1}{2}$ ，所以 $\theta = 30^0$ 。

【範例（民航特考考題）】

試述馬赫數與馬赫角的關係？

解答

同學可用計算機按一下， $\sin 0^0 = 0$ ， $\sin 30^0 = \dfrac{1}{2}$ ， $\sin 90^0 = 1$ ，我們可以得到馬赫數與馬赫角的關係是「**馬赫數越大，馬赫角越小；馬赫數越小，馬赫角越大**」。

三、利用馬赫數所做外部流場的分類

馬赫數是可壓縮流分析的主要參數，空氣動力學家據此將外部流場加以分類，茲分述如下：

$0 < M_a < 0.3$　　我們稱此區域的流場為不可壓縮流，也就是假設流場的密度變化可以忽略不計。

$0.3 < M_a < 0.8$　　我們稱此區域的流場為次音速流，**整個流場無震波產生。**

$0.8 < M_a < 1.2$　　我們稱此區域的流場為穿音速流，**震波首次出現，整個流場分成次音速流與超音速流。由於流場混合的緣故，欲在穿音速流做動力飛行，是非常困難。**

$1.2 < M_a$　　我們稱此區域的流場為超音速流，**有震波出現，但無次音速流存在。**

【範例（民航特考考題）】

何謂可壓縮流（compressible flow）與不可壓縮流（incompressible flow）？一般民航機在進行巡航（cruise）飛行時，其機身外面的流場是屬於那一種？試解釋說明之。

解答

一、所謂可壓縮流（compressible flow）是說流體流場的密度 ρ 變化不可以忽略不計。而不可壓縮流（incompressible flow）則是假設流體流場的密度 ρ 可忽略不計。

二、空氣動力學家根據馬赫數將飛機飛行時的外部流場加以分類，當 Ma<0.3 時，我們可以將流體流場視為不可壓縮流，也就是假設流場的密度變化可以忽略不計。一般民航機在進行巡航（cruise）飛行時，Ma 均大於 0.3（約為 0.85 左右），所以機身外面的流場是屬於可壓縮流（compressible flow）。

四、次音速流、穿音速流與超音速流流場之意義

$M_a < 0.8$ 我們稱此區域的流場為次音速流（Subsonic Flow），**整個流場無震波產生。**

$0.8 < M_a < 1.2$ 我們稱此區域的流場為穿音速流（Transonic Flow），**震波首次出現，整個流場分成次音速流與超音速流。由於流場混合的緣故，欲在穿音速流做動力飛行，是非常困難。**

$1.2 < M_a$ 我們稱此區域的流場為超音速流（Supersonic Flow），**有震波出現，但無次音速流存在。**

    從上可知次音速流、穿音速流與超音速流流場主要的差別是「**有無震波出現**」，所以為了更明瞭起見，我們依據馬赫數將次音速流、穿音速流與超音速流流場重新定義如下：

1. **次音速流（Subsonic Flow）**：飛機氣流的最大馬赫數均小於 1.0 的流場，也就是整個飛行流場無震波產生。
2. **穿音速流（Transonic Flow）**：飛機機翼之上局部氣流的馬赫數有大於 1.0，也有小於 1.0 的流場。
3. **超音速流（Supersonic Flow）**：飛機氣流的最小馬赫數均大於 1.0 的流場。

【範例（民航特考考題）】

    試解釋次音速流（Subsonic Flow）、穿音速流（Transonic Flow）與超音速流（Supersonic Flow）之意義。

解答

    如上所述。

五、重要名詞解釋

（一）音障（Sound barrier）

　　當物體（通常是航空器）的速度接近音速時，將會逐漸追上自己發出的聲波。此時，由於機身對空氣的壓縮無法迅速傳播，將逐漸在飛機的迎風面及其附近區域積累，最終形成空氣中壓力、溫度、速度、密度等物理性質的一個突變面——震波。**所以我們可以將「音障」解釋為「飛機接近音速時，壓迫空氣而產生震波，導致阻力急遽增大的一種物理現象」。**

（二）震波（Shock wave）

　　是氣體在超音速流動時所產生的壓縮現象，震波會導致總壓的損失，若震波與通過氣流的角度成 90°，我們稱之為**正震波（Normal Shock wave）**，若震波與通過氣流的角度小於 90°，我們稱之為**斜震波（Oblique Shock wave）**。

（三）臨界馬赫數（critical Mach Number）

　　飛機在接近音速飛行時，隨著飛行速度的增加，當上翼面的速度開始出現震波時，此時飛機飛行的馬赫數稱之為臨界馬赫數。

（四）（震）波阻力（Wave Drag）

　　因為震波的形成所產生的阻力，我們稱之為波阻力（Wave Drag），通常在馬赫數到達 0.8（臨界馬赫數）的時候，震波開始出現，此時我們必須考慮波阻力造成的影響。

第八章　飛行速度區域

【範例（民航特考考題）】

何謂臨界攻角（Critical Angle of Attack）與臨界馬赫數（Critical Mach Number），試述二者間的差異（所代表的物理意義）？

解答

一、所謂臨界攻角是指飛機在低攻角的時候，升力會隨著攻角上升，但是攻角到達某一度數時，機翼會開始產生流體分離現象，造成飛機失速，我們稱此一攻角為臨界攻角。

二、所謂臨界馬赫數是指飛機在接近音速飛行時，隨著飛行速度的增加，上翼面的速度會到達音速，此時飛機飛行的馬赫數稱之為臨界馬赫數。

三、臨界攻角是指飛機到達失速的臨界點，此時飛機會產生失速，臨界馬赫數是指飛機從次音速到達音速的臨界點，此時飛機會產生震波。

【範例（民航特考考題）】

何謂臨界馬赫數（Critical Mach Number）？它與飛機之最佳巡航速度有何關係？

解答

一、所謂臨界馬赫數（critical Mach Number）是指飛機在接近音速飛行時，隨著飛行速度的增加，上翼面的速度到達音速，此時飛機飛行的馬赫數稱之為臨界馬赫數。也就是臨界馬赫數是指飛機從次音速到達音速的臨界點，此時飛機會產生震波。

二、飛機在到達臨界馬赫數時會產生震波，此時空氣阻力會驟增。在此速度區域飛行會消耗大量燃油，並且會影響飛行安全及存在噪音問題，因此飛機之最佳巡航速度要比臨界馬赫數稍低一點。

六、在飛機上翼面之穿音速流的流場

如圖三十四所示，飛機飛行的速度在到達臨界馬赫數時，震波首次出現，整個流場分成次音速流與超音速流。由於流場混合的緣故，欲在穿音速流做動力飛行，是非常困難。

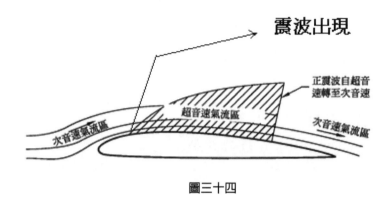

圖三十四

七、民航機延遲臨界馬赫數的方法

飛機在接近音速時，空氣被壓縮而產生震波，其空氣阻力會驟增。在此速度區域飛行會消耗大量燃油，並且會影響飛行安全及存在噪音問題，然而近代高性能民航機多採後掠翼與超臨界翼型機翼，後掠翼可延遲臨界馬赫數，超臨界翼型機翼除可延遲臨界馬赫數，甚至可消弭機翼上曲面局部超音速現象，由於後掠翼與超臨界翼型機翼解決了客機在穿音速飛行區域產生震波的問題，所以目前一般民航機都將巡航速度設定在穿音速區間（大約在馬赫數 0.85 左右）。

【範例（民航特考考題）】

試列舉兩種民航機延遲臨界馬赫數的方法。

解答

近代高性能民航機多採後掠翼與超臨界翼型機翼延遲臨界馬赫數。

八、後掠翼延遲臨界馬赫數的原理

（一）後掠角的定義

如圖三十五所示，後掠角是弦長 1/4 與翼根弦長垂直線的夾角。

（二）延遲臨界馬赫數的原理

如圖三十五所示，若飛機的飛行馬赫數是 M1，後掠角是 θ，流經弦長正交方向的馬赫數 $M2=M1 \times COS\theta$，θ 越大，M2 越小，所以具大後掠角機翼可以擁有較大之臨界馬赫數。

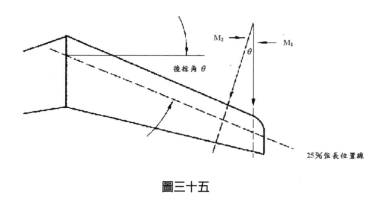

圖三十五

【範例（民航特考考題）】

大型客機巡航速度多為 0.85 馬赫，因此機翼均採用梯形及後掠角的設計，請說明此設計可減少何種阻力？並請說明原理為何？

解答

一、此設計是延遲臨界馬赫數，減少或避免（震）波阻力（Wave Drag）。

二、使用後掠翼可使機翼的臨界馬赫數增加，如圖三十五所示，若飛機的飛行馬赫數是 M1，後掠角是 θ，流經弦長正交方向的馬赫數 M2=M1×COSθ，θ 越大，M2 越小，所以具大後掠角機翼之飛機巡航速度較大。

九、超臨界翼型機翼

（一）特徵

如圖三十六所示，超臨界翼型機翼的上表面比較平坦，使得飛機飛行的速度速度超過臨界馬赫數後，為一無明顯加速的均勻超音速區域，於上表面較平坦，所以升力減小，為了補足升力，一般會將後緣的下表面做成內凹以增加後段彎度，藉以增加升力。

圖三十六

（二）功用

由於飛機的巡航速度受到穿音速時阻力驟增的限制，利用後掠翼可使機翼的臨界馬赫數增加，到 0.87 左右（傳統翼型約為 0.7），若想要延遲臨界馬赫數，則一個重要方法為使用超臨界翼型機翼，目前超臨界翼型可使飛機在馬赫數到 0.96 左右，上表面才會出現馬赫數等於 1 的現象，且可以消弭機翼上曲面局部超音速現象，也就是無震波出現。

（三）缺點

超臨界翼型機翼強度不夠必須增加補強設計，這是美中不足的地方。

【範例（民航特考考題）】

試述超臨界翼型機翼的優缺點。

解答

如上所述。

十、穿音速面積定律（**Transonic area rule**）

（一）定律

飛機在穿音速飛行時，如果沿縱軸的截面積（以從機頭至機尾的飛機中心來看飛機的截面積）的變化曲線越平滑的話，產生的穿音速阻力就會越小，這也就是超音速飛機「蜂腰」的來源。

（二）實際應用的方式

削減機翼處的機身（機身收縮）以及把機身（機翼連接以外區域）截面積加大。

【範例（民航特考考題）】

何謂穿音速面積定律？

解答

如上所述。

十一、Prandtl-Glauert rule

（一）目的

Prandtl-Glauert rule 之目的是建立可壓縮流與不可壓縮流中相同翼型的氣動力參數之間的關係，進而得到可壓縮性對同一翼型的影響。

（二）公式

$\dfrac{C_{P1}}{\sqrt{1-M_{1\infty}^2}} = \dfrac{C_{P2}}{\sqrt{1-M_{2\infty}^2}}$，在此 C_{P1} 為不可壓縮流之壓力係數；C_{P2} 為可壓縮流之壓力係數，M_∞ 為自由流（遠離物體）的馬赫數。

【範例（民航特考考題）】

在次音速風洞實驗中，當風速 $U_0 = 30 m/s$ 時（其馬赫數經計算為 $M_\infty = 0.088$），在模型翼型（airfoil）上測出某點之壓力係數 $C_{Pi} = -1.18$，當風速增加到 $U_0 = 240 m/s$，在相關條件相同下，請問其馬赫數 M_∞ 增為多少？並請利用 Prandtl-Glauert rule 求出該點壓力係數 C_{Pc}

> **解答**

一、因為 $M_a \equiv \dfrac{V}{a} \Rightarrow 0.088 = \dfrac{30}{a}$，所以音（聲）速 $a \equiv \dfrac{30}{0.088} = 340.9(m/s)$。

又因為 $U_0 = 204 m/s \Rightarrow M_\infty = \dfrac{V}{a} = \dfrac{204}{340.9} = 0.598$。

二、因為 Prandtl-Glauert rule $\dfrac{C_{P1}}{\sqrt{1-M_{1\infty}^2}} = \dfrac{C_{P2}}{\sqrt{1-M_{2\infty}^2}}$ ，所以

$$\frac{C_{Pe}}{\sqrt{1-0.598^2}} = \frac{-1.18}{\sqrt{1-0.088^2}} = -0.949 \text{ 。}$$

第九章

飛機的平衡與穩定

本章主要是從平衡與穩定的觀點，探討飛機在飛航過程的運動與控制，讓同學對飛機的飛航過程能更進一步的認識。說明如下：

一、飛機的配平（**Trim**）

（一）定義

所謂配平（Trim）就是利用裝置對操作面（副翼、升降舵、方向舵）進行微調，來達到穩定航機的姿態及航向的目的，這樣可以降低飛行員調整或保持希望的飛行姿態所需的力量。

（二）配平的條件

根據 JANE'S Aerospace Dictionary 對 trim 的解釋：「若飛機作穩定飛行時，它的配平條件是飛機對飛機重心的全部殘餘力矩等於零的情況。當飛機在巡航時處於平衡（配平，trim）狀態，此時升力等於重力，推力等於阻力，合力矩為零，此時飛機以等速、等高度的直線飛行。」如果飛機飛行時未滿足配平條件，則該飛機可能會產生俯仰（Pitch）、翻滾（Roll）或偏航（Yaw）的情況，此時就需要靠飛機配平（Trim）加以修正。

【範例（民航特考考題）】

試述飛機的配平（Trim）的定義與功能。

一、配平的定義：所謂配平（Trim）就是利用裝置對操作面（副翼、升降舵、方向舵）進行微調，來達到穩定航機的姿態及航向的目的。

二、配平的目的：主要是藉以減少飛行員調整或保持希望的飛行姿態所需的力量，降低其操作負擔。

二、穩定的定義

所謂飛行穩定的定義是指飛機受到擾動之後，能夠產生一股力量，且很快地使之恢復原狀的趨勢。為了安全的飛行任何飛行物體皆必須具備穩定的性質，藉由不同性能的設備及駕駛員的操作可以使飛行物由不穩定的狀況回復到穩定的情況。穩定的情況可分成靜態穩定與動態穩定，茲分述如下：

（一）平衡狀況（State of Equilibrium）

要了解靜態穩定與動態穩定的定義。首先我們要知道飛機的平衡狀況（State of Equilibrium），即是此飛機所有之外力及力矩的總和為零。此時飛機為靜止或是作等速等高之穩定飛行。這時此飛機沒有加速度因為沒任何多餘的外力作用於飛機上。

（二）靜態穩定（Static Stability）

所謂之靜態穩定對飛機而言，即是受到干擾打破原來的平衡狀況時，有回到原來的平衡狀況的趨勢，又稱之為正性穩定（Positive Static Stability）。如繼續不平衡的狀況或是不可能回到原來的平衡狀況時，稱之為負性靜態穩定（Negative static stability）或乾脆稱之為靜態不穩定（Static Instability），其現象如圖三十七所示。

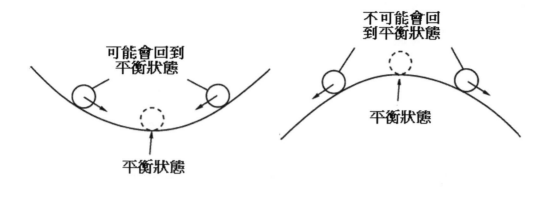

正性靜態穩定　　　　　　負性靜態穩定（靜態不穩定）

圖三十七

（三）動態穩定（Dynamic Stability）

　　前面談到的靜態穩定並不涉及物體的振動（Vibration）或是搖動（Oscillation），只是看看物體受到干擾後是否有「能回到原來位置的趨勢」而已，而談到動態穩定則涉及到物體的運動或是振動。動態穩定可分成三種情況，假設一個運動中的物體，在受到干擾後，產生了振動（Vibration）或是搖動（Oscillation）的現象。假如此物體有能力使這些初始振動之振幅（Displacement）隨時間增長而消失或減小，我們稱之為正性動態穩定（Positive Dynamic Stability），若振幅隨時間之增長而保持不變，則稱之謂中性動態穩定（Neutral Dynamic stability）。若振幅隨時間而漸增大則稱之為負性動態穩定（Negative Dynamic stability），其現象如圖三十八所示。

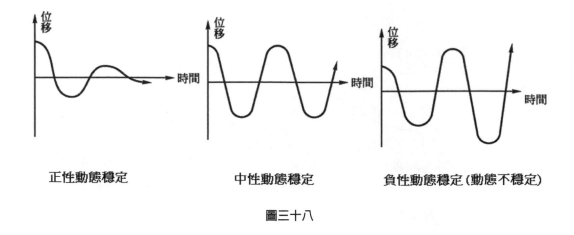

正性動態穩定　　　　　中性動態穩定　　　　負性動態穩定（動態不穩定）

圖三十八

【範例（民航特考觀念題）】

試述飛機平衡的條件。

解答

飛機的平衡條件即是指此飛機所有之外力及力矩之總和為零。

【範例（民航特考考題）】

試述飛機靜態穩定（Static Stability）的定義。

解答

所謂之靜態穩定對飛機而言，即是指受到干擾（例如亂流或陣風）打破原來的平衡狀況時，有回到原來的平衡狀況的趨勢。靜態穩定並不涉及振動（Vibration）或是搖動（Oscillation），只是看看物體受到干擾後是否有「能回到原來位置的趨勢」而已。

【範例（民航特考考題）】

試述飛機穩定（Stability）的定義。

解答

　　所謂飛行穩定的定義是指飛機受到擾動之後，能夠產生一股力量，且很快地使之恢復原狀的趨勢。為了安全的飛行任何飛行物體皆必須具備穩定的性質，藉由不同性能的設備及駕駛員的操作可以使飛行物由不穩定的狀況回復到穩定的情況。穩定性分為靜態和動態兩種。一架靜態穩定的飛機，當它因為擾動而偏離平衡點時，會有自己向平衡點回復的趨勢，接下來就有如簡諧運動，飛機會在平衡點附近來回擺盪。這時就必須看動態穩定性，如果是動態穩定的飛機，那麼除了向平衡點回復之外，在平衡點附近擺盪的幅度也會逐漸減小。

三、重心（CG，Center of Gravity）的定義

　　飛機各部分重力的合力的作用點，稱為飛機的重心。重力作用力點所在的位置，叫重心位置。重心具有以下特性：

1. 飛機在飛行中，重心位置不隨姿態改變。

2. 飛機在空中的一切運動，無論怎樣錯綜複雜，總可以將其視為隨著飛機重心移動或繞著飛機重心的轉動。

【範例（民航特考考題）】

　　試述重心（CG，Center of Gravity）的定義。

解答

　　如上所述。

四、六個自由度的觀念

如前所述，當飛機在巡航時所處的條件是飛機對飛機重心的全部殘餘力矩等於零，但在空中仍會碰到亂流（Turbulence）或陣風（Wind gust）產生不穩定情況而改變飛行狀態，如圖三十九所示，飛機是三度空間的自由體，所以有六個自由度，簡單來說就是沿三個坐標軸的移動和繞三個坐標軸的轉動。從圖三十九中，我們可以看出縱軸（Longitudinal axis）、側軸（Lateral axis）與垂直軸（Vertical axis）之定義，而在圖中所謂俯仰（Pitch）是指飛機上下移動，偏航（Yaw）是指飛機左右移動，滾轉（Roll）是指飛機的翻轉運動。這三種運動分別是由升降舵（Elevator）、方向舵（Rudder）與副翼（Airelon）來加以控制，由於副翼、方向舵與升降舵控制著飛機飛行的運動情形，所以我們將其三者合稱為飛機的控制面。

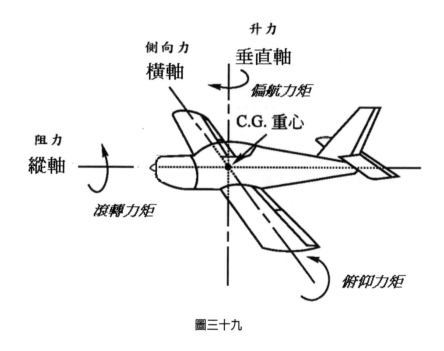

圖三十九

五、三軸穩定的定義

討論飛機的穩定時，不是討論在此三軸上旋轉的問題，而是討論在此三軸上移動（Movement）的問題，這個觀念在民航特考中非常的重要，學生千萬不要攪混。縱軸穩定（Longitudinal stability）是討論縱軸上外力的平衡問題。側軸穩定（Lateral Stability）是討論在側軸上外力分佈情況，方向穩定（Directional stability）是討論在垂直軸上之穩定情況。更詳細的說，所謂的「縱軸穩定」也就是讓飛機有能力不因為陣風或擾動令飛機產生俯仰（Pitch）的情況（Tendency to Correct Pitch）。所謂的「側軸穩定」也就是讓飛機有能力不因為陣風或擾動令飛機產生翻滾（Roll）的情況（Tendency to Correct Roll）。而所謂的「方向穩定」是指飛機在垂直軸方向的穩定也就是讓飛機有能力不因為陣風或擾動令飛機產生偏航擺頭的不穩定情況（Tendency to Correct Yaw）。

【範例（民航特考觀念題）】

試述飛機飛行時，縱軸（Longitudinal axis）、側軸（Lateral axis）與垂直軸（Vertical axis）的意義。

解答

一、建議請先繪出圖三十九再做說明。

二、（1）縱軸：所謂縱軸是指飛機從機頭至機尾所形成的直線。

（2）側軸：所謂側軸是指飛機從左翼尖穿過機身到右翼尖所形成的直線。

（3）垂直軸：所謂垂直軸是指通過飛機重心與飛機成垂直的直線。

【範例（民航特考觀念題）】

試說明所謂俯仰（Pitch）、偏航（Yaw）以及滾轉（Roll）之意義。

所謂俯仰（Pitch）是指飛機上下移動；偏航（Yaw）是指飛機左右移動；滾轉（Roll）是指飛機的翻轉運動。

【範例（民航特考觀念題）】

試說明所謂滾轉力矩（Rolling moment）、俯仰力矩（Pitching moment）以及偏航力矩（Yawing moment）之意義。

解答

所謂滾轉力矩（Rolling moment）是繞著縱軸（Longitudinal axis）旋轉的力矩；俯仰力矩（Pitching moment）是繞著側軸（Lateral axis）旋轉的力矩；偏航力矩（Yawing moment）是繞著垂直軸（Vertical axis）旋轉的力矩。

【範例（民航特考觀念題）】

試述飛機飛行時，縱軸穩定（Longitudinal stability）、側軸穩定（Lateral Stability）與方向穩定（Directional stability）的意義。

解答

所謂的「縱軸穩定」也就是讓飛機有能力不因為陣風或擾動令飛機產生俯仰（Pitch）的情況（Tendency to Correct Pitch）。所謂的「側軸穩定」也就是讓飛機有能力不因為陣風或擾動令飛機產生翻滾（Roll）的情況（Tendency to Correct Roll）。而所謂的「方向穩定」是指飛機在垂直軸方向的穩定也就是讓飛機有能力不因為陣風或擾動令飛機產生偏航擺頭的不穩定情況（Tendency to Correct Yaw）。

六、保持飛機三軸穩定的方法

如前所述，飛機在空中會碰到亂流（Turbulence）或陣風（Wind gust）產生不穩定情況而改變飛行狀態，甚至偏離航向，如何讓飛機在受到干擾後能具備回到原來位置的趨勢是在飛機設計中相當重要的課題，其方法列舉如下：

（一）縱軸（俯仰）穩定（Longitudinal Stability）

讓飛機具備縱軸穩定的方法計有水平安定面與調整飛機的配重等方法。

（二）側軸穩定（Lateral Stability）

讓飛機具備側軸穩定的方法計有上反角（Dihedral Angle）與後掠角（Sweep Angle）等方法。

（三）方向穩定（Directional stability）

讓飛機具備方向穩定的方法計有垂直安定面與後掠角（Sweep Angle）等方法。

【範例（民航特考考題）】

試列舉保持飛機三軸穩定的方法。

> **解答**

如上所述。

七、保持飛機三軸穩定方法的原理

（一）縱軸穩定

1. **水平安定面：** 在飛機裝設水平安定面（Horizontal Stabilizer）能讓飛機具備縱軸（俯仰）方向的正向靜穩定的功能，其原理是當飛機下俯時，自由流在水平安定面產生一個向下的力矩，使機頭拉高，所以使飛機產生一個向上轉動的趨勢而恢復原狀。反之，同理。

2. **調整飛機的配重：** 傳統飛機的穩定性設計，使飛機的空氣動力中心（或升力中心）作用於飛機的重心後面，如此的設計可使飛行攻角增大，升力增加的同時，飛機隨即產生一個「下俯」的力矩，以穩定飛行姿態避免飛機攻角持續增大，如此的設計可使當飛機飛行的攻角增大，升力增加時，有回到原來的平衡狀況的趨勢。除此之外，利用控制面所附加的補助力使飛機的空氣動力中心（或升力中心）作用於飛機的重心後面，讓飛機在縱軸（俯仰）方向的振動或是擾動隨時間增長而消失或減小達到縱軸（俯仰）方向的正性動態穩定的狀態。

【範例（民航特考考題）】

試述飛機保持縱向動態穩定的方法？

解答

利用控制面所附加的補助力使飛機的空氣動力中心（或升力中心）作用於飛機的重心後面，讓飛機在縱軸（俯仰）方向的振動或是擾動隨時間增長而消失或減小達到縱軸（俯仰）方向的正性動態穩定的狀態。

（二）側軸穩定

1. **上反角**：所謂上反角（Dihedral Angle）是機翼的側角對水平方向而言，另外所謂正上反角（Positive Dihedral）是翼尖高於翼根的水平面，而負上反角（Negative Dihedral）是翼尖低於翼根的水平面，機翼的升力（Lift）是當機翼水平時最大，即上反角等於零時，而當上反角增加時，機翼上之升力會減小，如圖四十所示。當飛機開始有側軸不穩定現象時，即開始有翻滾動作時，此時飛機的右翼之升力較大，而左翼因上反角增大而升力減低，如此則有一力矩使飛機恢復原狀，即消去向右轉動的趨勢，而因兩側的升力相差，可以將飛機向左轉動而恢復原狀。這個就是因上反角而產生升力而保持了側軸穩定（Lateral Stability）的原理。

因兩翼上反角差產生恢復原狀的力矩

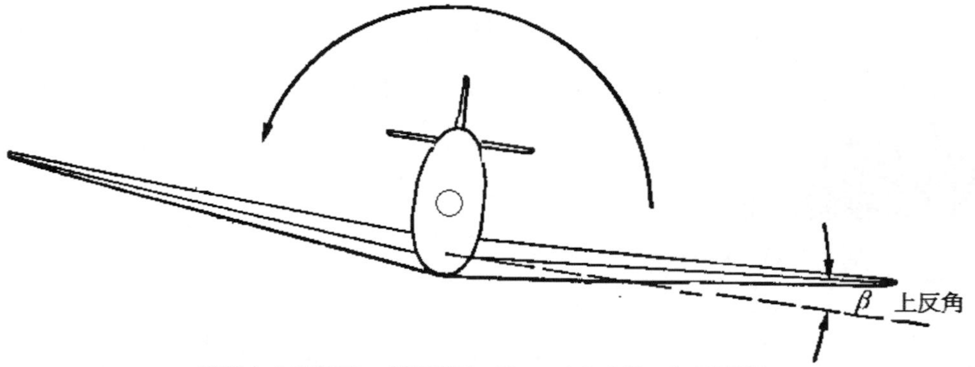

飛機向右滾轉時，側軸穩定（Lateral Stability）示意圖

圖四十

2. **後掠角**：機翼的後掠角對側軸穩定作用與上反角相似，也是因後掠角使得機翼之攻角（Angle of Attack）增加而致使升力也增加，如此產生了兩翼之升力差，而產生了相反的翻滾趨勢，而消去了原生的翻滾（Tendency to Correct Roll）。

（三）方向穩定

1. **垂直安定面：**在飛機裝設垂直安定面（Vertical stabilizer）能讓飛機具備垂直軸（偏航）方向的正向靜穩定的功能，其原理是當飛機向左時，自由流在垂直安定面產生一個向左的力矩，使機頭向右，所以使飛機產生一個向右轉動的趨勢而恢復原狀。反之，同理。

2. **後掠角：**如圖四十一所示，機翼的後掠角對方向穩定的原理主要是由於兩翼因後掠之故而產生不同阻力的關係而產生一個反偏航方向的運動而恢復原狀。

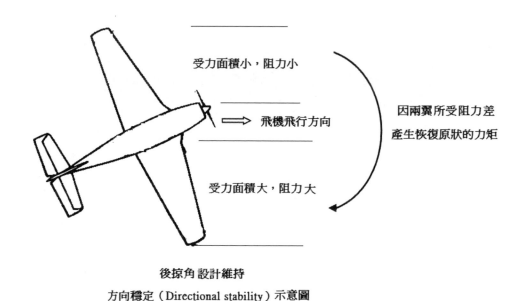

受力面積小，阻力小

飛機飛行方向

因兩翼所受阻力差
產生恢復原狀的力矩

受力面積大，阻力大

後掠角 設計維持
方向穩定（Directional stability）示意圖

圖四十一

【範例（民航特考考題）】

何謂上反角（Dihedral Angle）？

解答

一、建議請先繪出圖四十再做說明。

二、為了使飛機在側滾時能產生扶正機身的力矩而使機翼微微上翹的角度稱為上反角（Dihedral Angle）。

【範例（民航特考考題）】

試述上反角（Dihedral Angle）與升力的關係？

解答

機翼的升力（Lift）是當機翼水平時最大，也就是上反角等於零時，而當上反角增加時，機翼上之升力會隨之減小。

【範例（民航特考考題）】

試述上反角（Dihedral Angle）保持側軸穩定（Lateral Stability）的原理。

解答

一、建議請先繪出圖四十再做說明。

二、由於機翼上反角增加時，機翼上之升力會隨之減小，所以當飛機受到鎮干擾（例如亂流或陣風）產生側滾運動時，由於機翼產生了升力差，而產生了扶正機身的恢復力矩（Restoring Moment）。

【範例（民航特考考題）】

何謂後掠角？

解答

所謂後掠角是弦長 1/4 與翼根弦長垂直線的夾角。

【範例（民航特考衍生考題）】

試述後掠角保持方向穩定（Directional stability）的原理。

解答

一、建議請先繪出圖四十一再做說明。

二、後掠角對方向穩定的原理主要是由於機翼因後掠之故，所以在受到干擾（例如亂流或陣風）時會造成兩翼迎風的受力面積差，因而導致兩翼的阻力差，而產生一個反偏航方向的運動而恢復原狀。

第十章

航空發動機

本章主要是針對航空發動機加以介紹，其主要的目的是讓同學對飛機產生推力的裝置與原理能有初步的認識，說明如下：

一、航空發動機的功能

　　航空發動機是飛機產生動力的核心裝置，其主要的功能是用來產生或推力克服與空氣相對運動時產生的阻力使飛機起飛與前進。其次還可以為飛機上的用電設備提供電力，為空調設備等用氣設備提供氣源。

二、航空發動機的分類

（一）分類

如圖四十二所示，說明如後：

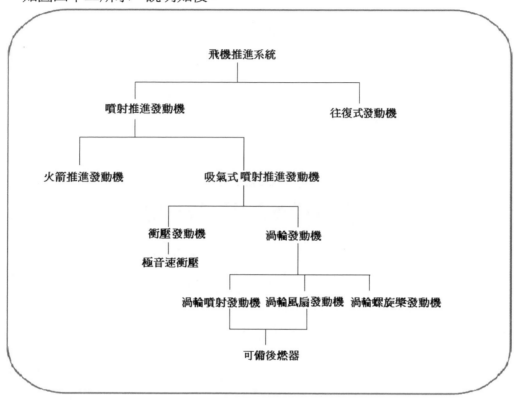

圖四十二

（二）分類說明

1. **依據產生動力的大小來分類**：發動機依據產生動力的大小來分類可區分成活塞式發動機與噴射推進式發動機二種，活塞發動機通常是指使用往復式活塞輸出軸功為主的內燃機，所以又稱往復式發動機，發動機本身並非完整的航空動力設施，一般需組合空氣螺旋槳，其構造圖如圖四十三所示。從 1903 年萊特兄

弟完成了世界上第一次動力飛行至第二次世界大戰之前，飛機上的動力裝置幾乎都是由往復式發動機搭配螺旋槳來組成，但是由於往復式發動機所產生的推力過小，所以逐漸被渦輪發動機所取代，現在僅用於小型飛機或直昇機。

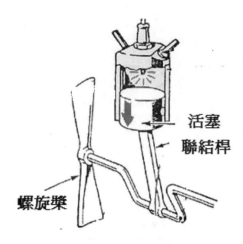

往復式(活塞)發動機構造示意圖

圖四十三

2. **依據燃燒是否仰賴空氣來分類：**我們知道燃燒的三要素：空氣（或氧化劑）、燃料與溫度。噴射推進發動機主要是產生高速氣流將其推送至飛機後方藉以產生反作用力的方式來獲得推力，其依據燃燒是否仰賴空氣來分類可區分成火箭推進式發動機與吸氣式噴射推進發動機二種。吸入空氣方能運作的發動機簡稱為吸氣式發動機，其無法到稠密大氣層之外的空間運作。火箭推進式發動機是一種不依賴空氣就可以運作的發動機，太空飛行器由於需要飛到大氣層外，所以必須安裝此種發動機。

3. **依據是否有壓縮機來分類：**普通大氣壓力的空氣摻和燃油之混合氣，點燃後產生的燃氣膨脹的程度不足作有用的功推動航空器，空氣經加壓，然後摻和燃油，點燃後的燃氣才能使引擎順利工作。引擎施於空氣的壓縮力愈大，所產生的動力或推力也愈大。吸氣式噴射推進發動機依據是否有壓縮機來分類可區分成衝壓噴射發動機（Ramjet Engine）與渦輪發動機（Turbine Engine）二種。衝壓噴射發動機（Ramjet Engine）的特點是無壓縮機和燃氣渦輪，進入燃燒室的

空氣是利用高速飛行時的衝壓作用來增壓的。它無法在靜止狀態中操作運轉，必須在 0.2 馬赫以上之速度方可使用。主要使用於超音速飛行之航空（速度可達 Mach3～5），大部份適用於飛彈。渦輪發動機可分成渦輪噴射發動機（Turbojet Engine）、渦輪螺旋槳發動機（Turboprop Engine）以及渦輪風扇發動機（Turbofan Engine）三種類型。渦輪噴射發動機的優點是具高空運轉的特徵；其缺點是無法要求其在低速時產生大推力。中、低空高度及次音速之空速下可產生較大的推力（空速為 0.5 馬赫時，其推進效率極佳）；其缺點是隨著飛行速度增加，而使阻力大增，則會造成飛行上之瓶頸。渦輪螺旋槳發動機的優點是兼具渦輪噴射與渦輪螺旋槳發動機之優點，可具有渦輪螺旋槳發動機於低空速之良好操作效率與高推力，同時兼具渦輪噴射發動機之高空高速性能，所以逐漸成為現代民航機與戰機的新主流。

【範例（民航特考考題）】

試述渦輪發動機（Turbine Engine）的種類。

解答

渦輪發動機可分成渦輪噴射發動機（Turbojet Engine）、渦輪螺旋槳發動機（Turboprop Engine）以及渦輪風扇發動機（Turbofan Engine）三種類型。

【範例（民航特考衍生考題）】

試述衝壓噴射發動機（Ramjet Engine）的基本架構與渦輪噴射發動機（Turbojet Engine）的差異，並討論其為何不能在靜止狀態中操作運轉。

解答

一、衝壓噴射發動機與渦輪噴射發動機的最大差異是無壓縮機和燃氣渦輪。

二、因為普通大氣壓力的空氣摻和燃油之混合氣，點燃後產生的燃氣膨脹的程度不足作有用的功推動航空器，所以必須使用壓縮機將輸入發動機的空氣先行

壓縮才能產生有用的功推動航空器，所以衝壓噴射發動機不能在靜止狀態中操作運轉，它必須利用高速飛行時的衝壓作用來達到增壓的目的。

【範例（民航特考考題）】

試述渦輪噴射發動機（Turbojet Engine）的優缺點。

解答

渦輪噴射發動機的優點是具高空運轉的特徵；其缺點是無法要求其在低速時產生大推力。

【範例（民航特考衍生考題）】

試述渦輪螺旋槳發動機（Turboprop Engine）的優缺點。

解答

渦輪螺旋槳發動機的優點是中、低空高度及次音速之空速下可產生較大的推力（空速為 0.5 馬赫時，其推進效率極佳）；其缺點是隨著飛行速度增加，而使阻力大增，則會造成飛行上之瓶頸。

【範例（民航特考衍生考題）】

試述渦輪螺旋槳發動機（Turboprop Engine）不裝用後燃器的原因為何？

解答

因為渦輪螺旋槳發動機（Turboprop Engine）隨著飛行速度增加，而使阻力大增，會造成飛行上之瓶頸，所以不裝用後燃器。

三、發動機的性能參數

（一）推力重量比（Thrust-weight ratio）

是表示發動機單位重量所產生的推力，簡稱為推重比，是衡量發動機性能優劣的一個重要指標，推重比越大，發動機的性能越優良。

（二）燃油消耗率（Specific thrust；SFC）

又稱為單位推力小時耗油率，是指耗油率與推力之比，公制單位為 kg/N-h，愈小者愈省油。

   PS1：在實際應用中，燃油消耗率（SFC）往往指的不是燃料的自身，而是評量發動機系統優劣的依據。因為燃油消耗率的大小與氧化劑配比、系統設計的優劣程度以及噴口外界環境（壓力）有關。

   PS2："TSFC"常簡化為"SFC"，指的是「特定燃油消耗率」。

（三）壓縮比（Compression ratio）

被壓縮機壓縮後的空氣壓力與壓縮前的壓力之比值，通常愈大者性能愈好。

（四）平均故障時間（Mean Time Between Failure；MTBF）

每具發動機發生兩次故障的間隔時間之總平均，愈長者愈不易故障，通常維護成本也愈低。

（五）旁通比（bypass ratio）

　　即渦輪風扇發動機外進氣道與內進氣道空氣流量的比值。內進氣道的空氣將流入燃燒室與燃料混合，燃燒做功，外進氣道的空氣不進入燃燒室，而是與內進氣道流出的燃氣相混合後排出。外進氣道的空氣只通過風扇，流速較慢，且是低溫，內進氣道排出的是高溫燃氣。兩種氣體混合後，同時降低了噴嘴平均流速與溫度。

　　PS1：高旁通比發動機在次音速時有非常好的能效，通常用於客機、運輸機和戰略轟炸機等。

　　PS2：低旁通比發動機通常配有後燃器，以高油耗為代價，獲得更大的推力，可用於超音速飛行，通常用於戰鬥機。

【範例（民航特考考題）】

　　假設一噴射飛機設重量為 W，參考面積為 S，飛機每產生一磅推力，每小時消耗燃料 C 磅，燃料總重量為 W_{fuel}。飛機以等高度（空氣密度為 ρ）飛行，C_L 為升力係數，C_D 為阻力係數。試以所給的參數導出最低阻力之速度與最遠航程。

解答

一、因為巡航速度狀態的飛行最經濟而且飛機的航程最大。這時候升力等於重力，推力等於阻力，所以根據升力公式

$$L = W = \frac{1}{2}\rho V^2 C_L S$$

我們可以得出巡航速度為 $V = \sqrt{\dfrac{2W}{\rho C_L S}}$ 。

二、因為 TSFC 為 C，推力等於阻力，所以根據阻力公式

$$T = D = \frac{1}{2}\rho V^2 C_D S$$

巡航時間為 $\dfrac{W_{fuel}}{T \times C} = \dfrac{W_{fuel}}{\dfrac{1}{2\rho V^2 C_D S \times C}}$

最遠航程為巡航時間乘巡航速度，故可得最遠航程為 $\dfrac{\dfrac{W_{fuel}}{\dfrac{1}{2\rho V^2 C_D S \times C}}}{}\sqrt{\dfrac{2W}{\rho C_L S}}$ 。

PS1：注意 TSFC 之定義以及航程時間與航程的算法。

PS2：必須注意單位轉換，例如 1 小時等於 3600 秒。

四、噴射發動機的效率

（一）定義

　　一般而言，在比較發動機性能時，通常會採用推進效率（Propulsive Efficiency）、發動機熱效率（Thermo-efficiency）或整體推進效率（Overall Efficiency）來做為指標，分別定義：

1. **推進效率：**推進效率=飛機飛行功率（推力與飛行速度之乘積）與排氣噴嘴輸出功率（單位時間所產出之噴氣動能）之比值。

2. **熱效率：**發動機熱效率=排氣噴嘴輸出功率與渦輪進氣功率（單位時間之吸氣能量與燃燒所產之熱能）之比值。

3. **整體推進效率：**整體推進效率=推進效率與發動機熱效率之乘積。

（二）降低燃油消耗率的方法

　　要達到較低的燃油消耗率的方式有二：一是增加推力以提高推進效率，另一為增加發動機熱效率。高旁通比之渦輪風扇發動機後送之旁通氣流的動量較大，又擁有最佳的整體推進效率，故兼具了推力大又省油的優點，所以逐漸成為現代民航機與戰機的新主流。

五、渦輪發動機（**Turbine Engine**）的基本元件

　　如圖四十四所示，渦輪發動機的基本元件為進氣道（Inlet）、壓縮器（Compressor）、燃燒室（Combustion Chamber）、渦輪（Turbine）以及噴嘴（Nozzle）等五個部份，各元件介紹如後：

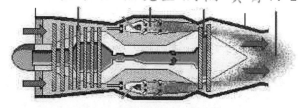

進氣道　壓縮器　燃燒室　渦輪　噴嘴　高速噴射氣體

渦輪噴射發動機

圖四十四

（一）進氣道（Inlet）

1. **功能：**進氣道在渦輪發動機的功能有二：一是吸入空氣與減速增壓，另一則是提供穩定氣流給壓縮器。

2. **設計原則：**進氣道功能之主要是讓進入發動機的空氣能夠充分的減速且穩定平順，所以其設計時須考量一、減少氣流扭曲及亂流的發生，另一則是避免超音速飛行時在進氣道內之震波擾動。

3. **工作原理：**在發動機理論探討中只有次音速氣流（$M_a < 1$ 之氣流）與超音速氣流（$M_a \geq 1$ 之氣流），在次音速時是利用衝壓原理（柏努利定律）來達到減速增壓的目的，而在次音速時則是利用震波來達到減速增壓的目的。次音速飛機之進氣口形狀多為圓形，超音速飛機則多採長方形或方形之可變式進氣口，所

有常規噴氣發動機都只能吸收速度約 0.5 馬赫的氣流，否則發動機效率會大大降低，並可能引發發動機喘振等問題。

【範例（民航特考衍生考題）】

試述進氣道的工作原理。

解答

如上所述。

（二）壓縮器

普通大氣壓力的空氣摻和燃油之混合氣，點燃後產生的燃氣膨脹的程度不足作有用的功推動航空器，空氣經加壓，然後摻和燃油，點燃後的燃氣才能使引擎順利工作。所以壓縮器是渦輪發動機的主要元件之一。

1. **功能**：壓縮器在渦輪發動機的功能有二，一是壓縮空氣，並提供穩定氣流送入燃燒室燃燒，另一則是提供冷卻氣流至低壓渦輪以達散熱目的。
2. **優缺點分析**：壓縮器之型別可分為輻流式（離心式）及軸流式兩種，兩者均由渦輪所驅動並直接裝置於渦輪傳動軸上。二者的優缺點規納如下表所示：

離心式壓縮器 （centrifugal compressor）	軸流式壓縮器 （axial compressor）
結構簡單	結構複雜
造價低廉	造價較高
為提高單級壓縮比，葉輪半徑要加大，影響前視面積。	為提高壓縮比，需增加壓縮級數，將影響發動機長度。
對單級而言，離心式壓縮器的壓縮比較大。	由於軸流式壓縮器採多級壓縮，故整體而言，軸流式壓縮器的壓縮比要比單級的離心式壓縮器要大。
高轉速時，葉輪葉尖速度會超過音速，而造成震波，降低壓縮效率。	高轉速時由於葉片半徑短，葉尖速度不易超過音速。

3. **壓縮器失速**：壓縮器失速乃是因為空氣流量不正常通過壓縮器所致，當平滑氣流流經壓縮器被破壞時，則有失速或衝激現象發生。失速意指僅一級或數級氣流型態受破壞，但壓縮器衝激指流經壓縮器之所有氣流全部崩潰（break down）。失速首先發生於前一級或前數級，當情況持續惡化直至各級均失速，則壓縮器即成衝激。從失速過渡至衝激甚為快速，不易察覺。輕微失速可能僅造成微幅震動或加（減）速不良之特性，對發動機運轉無損害或影響不顯著。較嚴重之壓縮器失速與衝激則會造成發動機巨響或渦輪進氣溫度明顯昇高。壓縮器（發動機）失速發生的原因大抵可分成氣流不穩定（空氣亂流）、進氣口平穩氣流遭到阻礙（結冰或外物損傷、壓縮器性能降低（污染、刮傷或葉片尖端間隙過大）、攻角因素與大動作的飛行等。除非是因為進氣氣流受到阻擋或發動機內部機件故障，否則發動機失速只需緩緩收回油門，再慢慢向前推動油門即可使發動機恢復正常運轉。

【範例（民航特考衍生考題）】

試述壓縮器（發動機）失速的原因與改善方式。

解答

壓縮器（發動機）失速乃是因為空氣流量不正常通過壓縮器所致；除此之外，空氣亂流與／或進氣口平穩氣流遭到阻礙，也是壓縮器（發動機）失速的原因之一。壓縮器（發動機）失速發生的原因大抵可分成氣流不穩定（空氣亂流）、進氣口平穩氣流遭到阻礙（結冰或外物損傷、壓縮器性能降低、污染、刮傷或葉片尖端間隙過大）、攻角因素與大動作的飛行等。除非是因為進氣氣流受到阻擋或發動機內部機件故障，否則發動機失速只需緩緩收回油門，再慢慢向前推動油門即可使發動機恢復正常運轉。

（三）燃燒室（Combustion Chamber）

1. **功能：**燃燒室在渦輪發動機的功能主要是提供足夠空間與時間，使壓縮後的空氣與燃油充份混合燃燒，燃油充份釋放熱量，其目的在於加熱氣流使氣體受加熱後壓力增加與溫度增加，在通過渦輪時進而帶動渦輪轉動。

2. **工作原理：**如圖四十五所示，壓縮器出口氣流僅有 25%進入燃燒室與燃料混合燃燒，使氣體變成高溫高壓狀態。其餘 75%用以冷卻燃燒室襯筒，再與燃氣混合後流向渦輪。

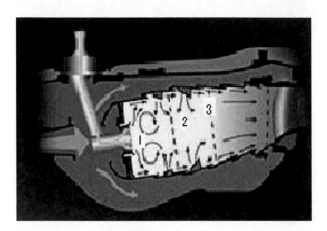

圖四十五

【範例（觀念題）】

試述壓縮器出口氣流進入燃燒室參與燃燒所佔比例，並說明其餘氣流的功用。

> 解答

壓縮器出口氣流僅有 25%進入燃燒室參與燃燒，其餘 75%用以冷卻燃燒室襯筒，再與燃氣混合後流向渦輪。

（四）渦輪（Turbine）

渦輪在渦輪發動機的功能主要是帶動壓縮器轉動。

（五）噴嘴（Nozzle）

1. **功能**：噴嘴在渦輪發動機的功能是將在燃燒室燃燒後氣體減壓加速並排至外界。

2. **噴口面積法則**：

（1） **目的**：噴口面積法則之目的主要是說明噴嘴的截面積在次音速與超音速時和速度關係。

（2） **公式**：$\dfrac{dA}{A} = (M^2 - 1)\dfrac{dV}{V}$

在此 A 是指面積，dA 是指面積的改變量，dA/A 是指面積的改變率；V 是指速度，dV 是指速度的改變量，dV/V 是指速度的改變率；M 為馬赫數。

（3） **物理意義**：從噴口面積法則中，我們可得一個重要觀念，那就是：

M＜1（次音速流），面積變大，速度變小；面積變小，速度變大。

M＞1（超音速流），面積變大，速度變大；面積變小，速度變小。

這也是次音速流使用漸縮噴嘴（Converging Nozzle），而超音速流使用意細腰噴嘴（Converging-Diverging Nozzle）的原因。此二噴嘴之示意圖如圖四十六與圖四十七所示。

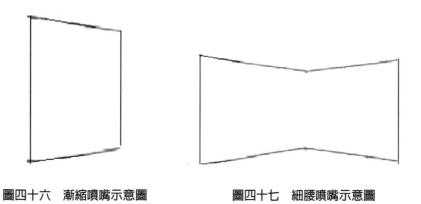

圖四十六　漸縮噴嘴示意圖　　　　　圖四十七　細腰噴嘴示意圖

【範例（民航特考考題）】

試述噴口面積法則 $\dfrac{dA}{A} = (M^2 - 1)\dfrac{dV}{V}$ 公式中各符號之意義。

解答

如上所述。

【範例（民航特考考題）】

試述噴口面積法則 $\dfrac{dA}{A} = (M^2 - 1)\dfrac{dV}{V}$ 公式之物理意義。

解答

如上所述。

【範例（民航特考考題）】

試繪出次音速流與超音速流噴嘴之示意圖與說明原因。

解答

一、先繪出圖四十六與圖四十七之示意圖。

二、依照「噴口面積法則之物理意義」內容解釋之。

3. **阻塞現象（Choked Condition）**：所謂阻塞現象是航空發動機的內部流場在到達音速後，空氣的質流率會被局限在音速時的質流率，也就是航空發動機的內部流場超過音速後，空氣的質流率不變，這種現象我們稱之為阻塞（Choke）現象。

六、其他主要元件

（一）後燃器（After Burner；戰鬥機所使用之增加推力裝置）

1. **功能：** 基本上後燃器可說是一種再燃燒的裝置，於後燃器處再噴入燃油，使未充分燃燒的氣體與噴入的燃油混合再次燃燒，經過可變噴口達到瞬間增加推力的目的。

2. **優缺點：** 後燃器的優點是在發動機不增加截面積及轉速的情況下，增加 50～70%之推力，且構造簡單，造價低廉，而其缺點是耗油量大，同時過高的氣體溫度也影響發動機的壽命，因此發動機開啟後燃器一般是有時間限制，通常是戰鬥機在起飛、爬升和最大加速等飛行階段才使用。

（二）推力反向器（Thrust reversal）

1. **功能：** 是飛機發動機中一個用暫時改變氣流方向的裝置，使發動機的氣流轉向前方，而非向後噴射，這樣會使發動機的推力倒轉而使飛機減速。

2. **應用：** 推力反向器一般用於噴氣式飛機（使用渦輪發動機的飛機，例如：福克 70 型客機及波音 777 客機），在降落以後減速以縮短降落距離。很多螺旋槳飛機也可以透過改變螺旋槳的揚角至反向的角度，達到反向推力的目的。有時，當發動機怠轉而不需要前向的推力（在結冰或濕滑的地面更為如此），又或者是要避免發動機氣流造成破壞的時候，也會使用推力反向器。

（三）向量噴嘴（Vector Nozzle）

　　向量噴嘴是一種飛機使用的推進技術，早期大都用於垂直起降戰機上，至 1980 年代末期後，才開始在普通戰機上廣泛應用。

1. **功能**：利用控制推進器噴嘴的偏轉，達到改變噴射氣流方向並進而使速度向量改變的技術就稱為向量推力控制（TVC，Thrust Vector Control），此種推進方式通稱為向量噴嘴，目前設計中或已問世的第五代戰機多均已採此種新技術。

2. **目的**：透過持續控制並微調向量噴嘴，使推力不通過飛行器的重心，飛行器可進行低速率、高攻角這類在傳統推力方式下必定失速墜毀的高難度動作。除此之外，向量噴嘴亦可在起降時提供額外的向下推力，使飛行器達到短場起降（STOL）甚至是垂直起降（VTOL）能力。

第十一章

幾種奇特造型的
民航飛機

本章主要是針對目前民航飛機的現況與幾種奇特造型飛機加以介紹，航空發動機加以介紹，其主要的目的加強同學對民航飛機的瞭解。說明如下：

一、基本常識

（一）飛行器的飛行速度

　　如圖四十八所示，一般而言，輕（小）型飛機的飛行速度區域在 0.1～0.5Ma，商用客機約在 0.5～0.9Ma，協和號是世界上至今最高速的載客航空器，最高速度可超過馬赫數 2，是世界第一架超音速客機也是目前唯一的一架超音速客機。惜因研發耗時與客機耗油，肇致成本過高而於 2003 年退役。目前近代的客機巡航速度多約在為 0.85 Ma 左右，例如波音 747。

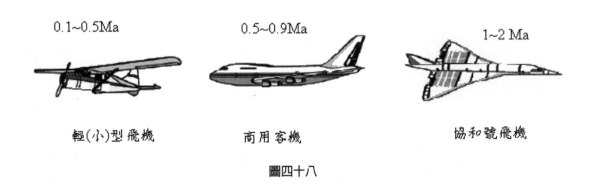

0.1~0.5Ma　　　　　0.5~0.9Ma　　　　　1~2 Ma

輕(小)型飛機　　　　商用客機　　　　協和號飛機

圖四十八

（二）次音速、穿音速與超音速飛機機翼的形狀

　　一般而言，次音速的飛機是採用梯形翼飛機；穿音速的飛機是採用後掠翼飛機；而超音速飛機是採用三角翼飛機。目前大型客機巡航速度多為 0.85 馬赫左右，因此機翼均採用後掠角的設計。各種飛機的示意圖如圖四十九所示。

低速機翼　　　穿音速機翼　　　超音速機翼

圖四十九

（三）高低展弦比機翼氣動力的差異

高展弦比機翼的飛機在攻角增加時，升力係數會比低展弦比機翼的飛機增加快；但不易控制，亦容易過早失速，同時高展弦比機翼的飛機機翼也較易折斷。

【範例（民航特考考題）】

試論述為何高展弦比機翼的飛機在攻角增加時，升力係數會比低展弦比機翼的飛機增加快？

解答

我們可從三維機翼升力理論 $C_L = \dfrac{2\pi \sin(\alpha + \dfrac{2h}{c})}{1 + \dfrac{2}{AR}}$ 公式看出：若是 AR 越大，C_L 越大，所以在飛機失速前，高展弦比機翼的飛機在攻角增加時，升力係數會比低展弦比機翼的飛機增加快。

（四）後掠角機翼的優缺點

後掠翼使用的原理主要是延遲震波，從而使飛行器更快更好地進入超音速。其優點是在飛機飛行時可有效提昇臨界馬赫數，減少飛機巡航速度受到穿音速時

阻力驟增的限制，減少或避免飛機巡航飛行時的（震）波阻力。但其缺點是會損失部份的升力效果。

（五）前後掠角機翼的異同

前掠翼和後掠翼使用同樣的原理但用完全相反的方法延遲臨界馬赫數，減少在飛機巡航速度受到穿音速時阻力驟增的限制，從而使飛行器更好更快地進入超音速。但是前掠翼的氣流分離是發生在翼尖處，後掠翼是發生在翼根處，所以前掠翼的機翼在大速度下容易折斷，最好的解決辦法就是使用複合材料機翼，俄羅斯蘇-47 及美國的 X-29 技術驗證機基本解決了這個問題，但是前掠翼的設計組合隱身性能太差，所以現在的飛機絕大多數是後掠翼的。

（六）三角翼的優缺點

三角翼飛機的優點是具有超音速阻力小、機翼剛性好，適合於超音速飛行和機動飛行。而其缺點是在次音速飛行狀態，機翼的誘導阻力較大、升阻比較小，從而影響飛機的航程和靈活性。

【範例（民航特考考題）】

大型客機巡航速度多為 0.85 馬赫，因此機翼均後掠角的設計，請說明此設計的功能與可減少何種阻力？

> 解答

後掠角機翼的設計主要是延遲臨界馬赫數，減少或避免（震）波阻力（Wave Drag）。

二、協合號飛機（世界第一架超音速客機）

（一）飛行速度

協和號飛機是世界上至今最高速的載客航空器，最高速度可超過馬赫數 2，是世界第一架超音速客機也是目前唯一一架超音速客機。

（二）外型特性

協和號飛機的外型如圖五十，其機頭為尖形、機翼為 S 型前緣細長三角翼、機身細長，這些差異是都在在說明超音速客機（協和號飛機）在空氣動力設計上與目前飛機（如波音 747）的不同，其主要是為了減少超音速飛行（協和號飛機）時，飛機所承受的阻力。

圖五十

（三）停用原因

協和式客機共生產了 20 架，其中僅有 16 架投入運營。巨大的資金投入和漫長的研發過程使英法兩國政府蒙受了不小的經濟損失，法國航空 4590 號班機空難，旅客對其信心大減，之後的 911 事件又使國際民航業陷入危機，面對協和式客機慘淡的銷情以及第二次石油危機的影響，英航和法航決定協和號飛機執行完 2003 年 10 月 27 日的最後一次商業飛行後終止服務，並於同年 11 月 26 日完成「退役」航班後結束其 27 年的商業飛行生涯，從此無類似協和號商業客機服役，

個人認為其主要的原因為 1.超音速客機技術先進，研發耗時。2.超音速客機耗油。成本過高應為協和號客機退役的最主要原因，除此之外，亦有人認為噪音過大，亦是其主因之一。

【範例（民航特考考題）】

以民航客機波音 747 及英法合製協和號（Concorde）飛機為例，敘述此二飛機之機頭、機翼、機身及引擎進氣道等外型特徵。就空氣動力而言，說明為何有此設計上差異？

解答

協和號　　　　　　　　　　波音747

圖五十一

如圖五十一所示，就外形而言，波音 747 機頭為鈍形、機翼後掠角不大、機身寬厚，而協和號機頭為尖形、機翼為 S 型前緣細長三角翼、機身細長，這些差異是都在在說明超音速客機（協和號飛機）在空氣動力設計上與目前飛機（如波音 747）的不同，其主要是為了減少超音速飛行（協和號飛機）時，飛機所承受的阻力。除此之外，協和號飛機的進氣道也經過了特殊設計。所有常規噴氣發動機都只能吸收速度約 0.5 馬赫的氣流，因此巡航速度達 2 馬赫的協和式客機必須將超音速的進氣速度減慢至次音速，否則發動機效率會大大降低，並可能引發發動機喘振等問題。

【範例（民航特考考題）】

協和號（Concorde）客機自 70 年代服役後，到目前為止，為何未再有類似協和號商業客機服役？

協和號是世界上至今最高速的載客航空器，是世界第一架超音速客機，也是目前唯一的一架超音速客機。惜因研發耗時與客機耗油，肇致成本過高而於 2003 年退役。

三、波音 797（可承載 1000 人的客機）

　　波音 797 客機的結構是波音公司與美國國家航空暨太空總署 NASA 蘭利研究中心共同研製的，外型如圖五十二所示，目前最大客機 A380 載客僅可 555 人，而 797 的設計完全可以適用於 A380 起降的機場。其「機翼與機體混合結構」有幾大優點，最主要的是「提升比」大大提高達 50%，機身重量可減少 25%，因此燃油效率比 A380 提高 33%，高強度機體是 797 機翼機體混合式結構的另一主要優點，它可以減少空氣紊流對機體的壓力，提高燃油燃燒效率，致使 797 在滿載 1,000 名舒適乘客的負荷下續航能力 16,000 公里，速度達到 0.88 音速即每小時 1,046 公里，空中巴士 A380 的速度僅每小時 912 公里，波音 797 客機的出現將使客機形式完全改觀。

圖五十二

【範例（民航特考考題）】

　　試述波音 797 採用機翼機身混合（Blended Wing Body）設計的空氣動力優點？

> 解答

　　如上所述。

第十二章

飛航管制與飛航安全

在早期只有在直接造成人員的傷害與死亡事故，才會引起安全的討論；漸漸地，隨著航空運輸量大增，航空事故日益頻繁，飛安開始成為頗受重視的一門系統科學。本章主要是介紹「飛航管制」與「飛航安全」的基本觀念，使同學知道能夠重視飛安，避免飛機意外發生。

一、飛航管制

（一）依據（相關法規）

民用航空法第四十一條／飛航及管制辦法／飛航管制程序／飛航指南／無線電通話程序。

（二）定義

飛航管制就是「空中交通管理」，負責在航空器起飛、降落及飛航途中，利用雷達及其他輔助性自動化資訊裝備，透過陸空無線通信，提供航空器安全、有序、便捷之專業性服務。

（三）目的

飛航管制之目的係為防止航空器與航空器之間以及在操作區內航空器與障礙物之間的之碰撞，並加速與保持空中交通之有序暢通。

（四）飛航管制員主要工作

飛航管制員主要工作內容列舉如下：

1. 指揮航空器的起飛、降落、跑道上滑行、天空中飛航。

2. 維持航空器的安全隔離。

3. 提供航空器駕駛員有關氣象、航情及機場等飛航資料。

4. 協助駕駛員達成航空器安全、加速及有序的飛航作業。

（五）航管隔離標準

1. 垂直隔離（Vertical Separation）

（1） 在 29,000 呎以下：一千呎之間隔。

（2） 在 29,000 呎以上：兩千呎之間隔。

2. 水平隔離（Horizontal Separation）

（1） 前後隔離（Longitudinal Separation）

　　①以時間為準（Time Separation）：同高度不得少於十分鐘。

　　②以距離為準（DME Separation）：同高度不得少於二十浬。

（2） 左右隔離（Lateral Separation）

　　①不同之航路或航線（其寬度或其保護空域不重疊）。

　　②助航電台：15 度以上之夾角，需在 20 浬以外始有隔離。

（3） 雷達隔離（RADAR Separation）

　　①雷達天線 40 浬內：3 浬。

　　②雷達天線 40 浬外：5 浬。

　　③多雷達共用之隔離標準。

3. 目視隔離（Visual Separation）

【範例（民航特考考題）】

試述飛航管制水平隔離之標準。

解答

如上所述。

二、飛航安全

（一）定義

　　飛航安全是一門系統科學，從飛機設計、製造、維修，到大氣科學、航空醫學的科技層面，到飛航管制、機場管理、航空公司的管理層面，以及政治、經濟、法律的社會層面，每一個細節與飛航事故的發生均息息相關。其主要涵意為「凡是維護航空器成員，貨物及地面人員財產的安全、對航空相關器具及人員在安全上所做的一切措施與努力」。時至今日，將飛航安全定義為：「各種技術與資源，經過整合，以求在運作飛航系統時免於事故的發生」，已為多數人所接受。

（二）飛機失事肇因

　　根據調查飛機失事肇因大抵可區分為：

1. **機械因素**：因為飛機機體、零件於飛行中發生故障所導致的失事。
2. **人為因素**：主要包括飛行人為、修護人為及航管人為等因素，導致失事。
3. **環境因素**：主要包括天氣、場地與外物損傷等因素，因氣候急速變化，影響氣流穩定，常導致失事。除此之外，因為場站地形或設備不良，使飛機在惡劣天候無法正常操作，亦是導致失事的主因。因為發動機受到飛鳥撞擊或吸入異物等情況，亦會導致失事。
4. **其它或不明原因**

（三）飛機失事趨勢分析

1. 根據調查飛行失事中人為因素大約占 70%，而飛行員仍為失事主要肇致者。
2. 就駕駛員而言，精神不集中、疲勞、生病、喝酒、藥物、意識喪失以及經驗不足導致判斷錯誤，均有可能造成飛機失事。
3. 戰機失事多發生於空中，民航機失事多發生於起降階段。

【範例（民航特考考題）】

飛機失事肇因可分為機械因素、人為因素以及環境因素等因素，請問那一種因素為最高？

> 解答

根據調查飛行失事中人為因素大約占了 70%，是飛機失事肇因中所佔比例最高。

【範例（民航特考考題）】

民航機失事多發生那一個飛行階段？

> 解答

民航機失事多發生於飛機起降二個階段。

【範例（民航特考考題）】

試列舉飛行人為因素有那些？

> 解答

飛行人為因素可包括飛行員的生理因素與心理因素，茲論述如下：

一、生理因素：根據調查飛行員常見疾病計有：

（一）心血管疾病

（二）神經系統疾病

（三）癌症

（四）感覺運動器官病變

（五）其他：肺氣腫，肝衰竭、糖尿病

二、心理因素：飛行員的工作挑戰大，相對的壓力也大，一般而言，壓力改變了人身體警覺程度，是度的壓力使的人體警覺度增高，但過度的壓力卻產生了疲態，而造成了操作表現的降低。

【範例（民航特考考題）】

試列舉修護及航管人員產生錯誤之人為因素有那些？

解答

根據調查修護及航管人員產生錯誤之人為因素大抵包括工作壓力、不當訓練、專業知識不足、疲勞、溝通不良、團隊合作不佳、分心、自滿、資源不足、緊張、缺乏警覺以及自訂工作標準等因素。

（四）影響飛航之有害風因

1. **晴空亂流：**晴空亂流的主要特性為亂流發生在平流層且為天氣晴朗的狀態，因無明顯的導因及徵兆，再者天氣晴朗時並無微粒可供氣象雷達偵測，故目前極難預防及防範。

2. **低空風切（Low-Level Wind Shear 或稱微風爆 Microburst）**

（1）　**定義：**如圖五十三所示，低空風切是指在離地約 600 m 高度以下風速在水平和垂直方向的突然變化情形，低空風切能夠對飛機空速產生很大的影響，致使飛機的姿態和高度發生突然變化，在低高度時，其所造成的影響有時是具災難性的，因此被國際航空界公認為是飛機起飛和著陸階段的一個重要危險因素。

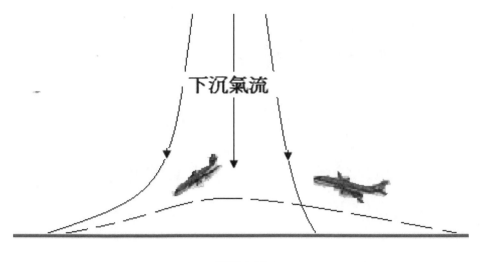

圖五十三

（2） **形成的原因**：產生風切變的原因主要有兩大類，一類是大氣運動本身的變化所造成的（包含逆溫、鋒面以及雷雨等天氣），另一類則是地理及環境等因素所造成的，有時是兩者綜合而成。

（3） **帶來的危害**：如圖五十三所示，風切變會引起飛機攻角變小，使飛機的升力變小，使飛機的姿態和高度發生突然變化。特別是在飛機起降落時，容易令飛機觸地，造成飛安事件。

【範例（民航特考考題）】

試繪圖說明何謂低空風切（Low-Level Wind Shear 或稱微風爆 Microburst）。

> **解答**

一、請先繪出圖五十三。

二、請參照「低空風切之定義」的內容加以說明。

【範例（民航特考考題）】

試繪圖說明飛機飛入低空風切（Low-Level Wind Shear 或稱微風爆 Microburst）前、後對升力的影響？與可能發生之狀況？

一、請先繪出圖五十三。

二、低空風切會造成飛機攻角變小，使飛機的升力變小。

三、低空風切會造成飛機的姿態和高度發生突然變化。特別是在飛機起降落時，容易令飛機觸地，造成飛安事件。

（五）積冰的問題對飛航安全的危害

飛機在寒冷天氣中操作，潛在著諸多的危險。其中積冰的問題為飛航安全的一大危害，因此本書在此做一介紹。綜整如下：

1. **結構積冰對飛行的影響：** 不論在空中或是地面，冰或雪附著在機身及機翼上時，會對飛機的操作造成極大的負面影響。飛機之所以能夠在空中飛行，除了要靠發動機提供推力外，最主要的就是要由機翼產生升力。然而當機翼被積雪或積冰覆蓋時，機翼平滑的氣動力外形就會遭到破壞。原本流經機翼的平順氣流，會因此而形成亂流，使升力驟減，阻力驟增；積冰及積雪同時會使飛機重量增加。除此之外，若是在左右兩側的機翼，所形成的積冰重量或形態有顯著的差異，就會造成兩翼升力的不同，不但會導致飛機姿態產生滾轉（Roll），亦可能會引發偏航（Yaw）。當飛機姿態的變化量過大，而飛機的控制翼面，如副翼（Ailerons）、方向舵（Rudder）、升降舵（Elevators）等，即使以最大的操控量，仍無法克服姿態的變化時，飛機便會失控。而且如果積冰層較厚，還會使飛機的重心位置改變，從而影響飛機的安定性，升力中心位移，操縱品質變差。

2. **發動機進氣道及壓縮機葉片積冰：** 發動機積冰會使流經發動機內部的空氣流量不正常通過，在進氣道積冰會造成進氣流量不足或氣流不穩定，在壓縮機葉片除會造成氣流不正常通過外，還會引發振動，這些都會造成發動機的機械損傷，從而使發動機的推力降低，嚴重時，造成損壞或熄火。

3. **積冰對飛航儀器的影響：** 駕駛艙內的諸多飛行儀表，皆要自機外的大氣環境中取得數據，如高度表（Altimeter），速度表（Airspeed indicator）及垂直速度表（Vertical speed indicator）等。但是當機外的感測裝置為冰雪所封閉時，這些

飛行儀表的讀數便會荒腔走板，無法提供正確的資訊，而使飛行員失去判斷飛行狀態的依據。

4. **天線積冰對飛航的影響：**天線積冰可能會使無線電通信失效，中斷聯絡。強烈積冰能使天線同機體相接，發生短路，會造成無線電導航設備失靈。

5. **風擋積冰對飛航的影響：**風擋積冰會大大降低其透明度，使目視條件大大惡化，嚴重影響飛行員視線。特別是在起飛、著陸階段，由於影響目視，會使起飛著陸發生困難，導致判斷著陸高度不準確，進而影響著陸安全，嚴重時會出現危險。

6. **起落架裝置結冰對飛航的影響：**起落架裝置上的結冰，會在收輪時損壞起落架裝置或設備，積聚在起落架上的冰雪在起飛時脫落，會損壞飛機。

7. **在地面積冰對飛航的影響：**地面積冰會造成飛機起降的滑行距離加長。除此之外，地面積冰時，冰的聚積是不對稱的，這些都有可能會造成飛機起降時，飛安事件的發生。

【範例（民航特考考題）】

試說明機身及機翼積冰對飛行的影響。

> **解答**

如上所述。

【範例（民航特考衍生考題）】

試簡述結冰對飛航安全的影響。

> **解答**

結冰現象會造成一、能見度不佳。二、造成滑行距離加長。三、造成飛機發動機故障。四、造成飛機空氣動力性能減少。這些都有可能會造成飛安事件的發生。

参考資料
二

民航人員三等考試飛航
管制歷年考古題

參考網站：中華民國考選部網站

（網址：http://wwwc.moex.gov.tw/main/exam/wFrmExamQandASearch.
aspx?menu_id=156&sub_menu_id=171）

96 年民航人員考試試題

等　　別：三等考試

科　　目：飛航管制

考試時間：二小時

※注意事項：

（一）不必抄題，作答時請將試題題號及答案依照順序寫在試卷上，於本試題
上作答者，不予計分。

（二）得使用電子計算器。

一、何謂可壓縮流（compressible flow）與不可壓縮流（incompressible flow）？
（10 分）一般民航機在進行巡航（cruise）飛行時，其機身外面的流場是屬
於那一種？試解釋說明之。（10 分）

二、假若有一個低速風洞（low speed wind tunnel）的進口截面積為 A_1、空氣的
壓力為 P_1、密度為 ρ_1。而風洞測試段內的截面積為 A_2、空氣壓力為 P_2，然
而空氣密度保持不變 s，且摩擦損失亦不計。假設此風洞的進口空氣速度為
V_1，則測試段內的風速 V_2 應為多少？（10 分）當有一架飛機模型置於此風
洞的測試段內進行性能測試，若此模型的截面積（cross section area）約占測
試段截面積的 8%，則此時測試段的風速 V_2 變為多少？（10 分）

三、試說明一架飛機以慢速飛行時所受到的阻力（drag）有那些？（6 分）如果
以超音速飛行時，則又有那些阻力產生？（6 分）並約估與說明這些阻力占
全部阻力的百分比有多少？（8 分）

四、試解釋（或定義）一架飛機的航程（range）所指為何？（7 分）又定義一架飛機的滯空時間（endurance）為何？（7 分）同時討論兩者有何不同？（6 分）

五、試討論一架飛機在進行等速爬升（climbing）飛行時所受到的基本力（basic forces）有那些？（8 分）請繪簡圖說明之，並導出它們的關係式。（12 分）

97 年民航人員考試試題

等　　別：三等考試

科　　目：飛航管制

考試時間：二小時

※注意事項：

（一）不必抄題，作答時請將試題題號及答案依照順序寫在試卷上，於本試題
上作答者，不予計分。

（二）得使用電子計算器。

一、一架飛機以時速 700 公里（km/hr）在高度為 10 公里（km）進行巡航（cruise）
飛行。若機身外面空氣量得的溫度為 223.26 K（Kelvin），壓力為 2.65×10^4
牛頓/公尺 ^{2}（N/m^2），密度為 0.04135 公斤/公尺 ^{3}（kg/m^3）。已知氣體常數
（gas constant）為 287 公尺 ^{2}/秒 ^{2}K（m^2/sec^{2}K）。試計算在此高度的聲音速
度（speed of sound）。（10 分）而此時飛機的飛行馬赫數（Mach number）
為多少？（10 分）

二、一架民航機在高度為 H 且以 V_1 的速度做巡航飛行時，假若此高度的空氣壓
力為 P_1、溫度為 T_1、密度為 ρ_1。若不考慮可壓縮效應，且忽略摩擦損失，
則當飛機上某一點的速度變為 V_2 時，則此點的壓力變為多少？（10 分）若
考慮可壓縮效應時，則此點的壓力是增加或減少？試解釋其原因。（10 分）

三、何謂寄生阻力（parasite drag）？（7 分）何謂誘導阻力（induced drag）？（7
分）何者會受飛行升力所影響？試解釋說明之。（6 分）

四、民航機的推進系統大致上可分為螺旋槳式（Propeller-driven）與噴射式（Jet-driven）兩類，就飛機的飛行速度與飛行高度為考量，飛機如何選用上述的引擎配合使用？原因何在？試詳細說明之。（20分）

五、就飛行力學的觀點，一架飛機要作六個自由度（degree of freedom）的穩定飛行，請問是那六個自由度？（10分）若飛機要作穩定控制時，其相對的控制舵面（control surfaces）分別為何？試說明之。（10分）

98 年民航人員考試試題

等　　別：三等考試

科　　目：飛航管制

考試時間：二小時

※注意事項：

（一）不必抄題，作答時請將試題題號及答案依照順序寫在試卷上，於本試題上作答者，不予計分。

（二）得使用電子計算器。

一、何謂空速計（Airspeed Indicator）？（5分）它的使用原理為何？（5分）可能造成空速計的誤差有那些？（10分）

二、常用的飛機座標系統有體座標（Body Axis Frame）與風座標（Wind Axis Frame）兩種，請以直角座標的三個軸（X, Y, Z）的方式，分別討論這三個座標軸在這兩種座標的定義，並請繪圖表示之。（14分）而在何種飛行條件下，這兩種座標是合而為一的（coincide together），為什麼？（6分）

三、機場起降的飛機經常需要排班等待前行飛機起飛或降落一段時間，為什麼？（10分）這也經常造成機場在尖峰時刻擁擠的原因，如何克服這種困難？（10分）

四、一架飛機質量為 4000kg，翼面積為 50m^2。假設此飛機在高空飛行時突然失去動力（lost power），而必須以滑行（gliding）方式迫降。若此飛機保持 C_L=0.975 與 L/D=10.15，空氣密度為 1.225kg/m^3。試計算下列問題：

（一）此時飛機的運動方程式為何？（8分）

（二）此時飛機的向下滑行角度（Gliding angle）為何？（6分）

（三）此時的滑行速度（Gliding speed）為何？（6分）

五、

（一）若一架飛機在飛行時要保持在縱向（Longitudinal direction）的靜態穩定（Static stability），其條件為何？（10分）

（二）接（一），若飛機碰到亂流（Turbulence）或陣風（Wind gust），此時必須考慮動態的條件，請問如何達成動態穩定（Dynamic stability）？（10分）

100 年民航人員考試試題

等　　別：三等考試

科　　目：飛航管制

考試時間：二小時

※注意事項：

（一）不必抄題，作答時請將試題題號及答案依照順序寫在試卷上，於本試題上作答者，不予計分。

（二）得使用電子計算器。

一、

（一）何謂負載因素（Load Factor）？（5 分）

（二）當飛機以定速（V_∞）作水平巡航（Level cruise）時，此時的負載因素為何？（7 分）

（三）接（二），若此飛機以相同速度（V_∞）作半徑為 R 的爬升飛行（Pull-up flight）時，此時的負載因素為何？（8 分）

二、

（一）何謂飛機的失速（Stall）？（6 分）

（二）何謂飛機的失速速度（Stall speed）？（6 分）

（三）飛機飛行時，如何避免失速的發生？（8 分）

三、

（一）飛機起飛與降落（Take-off and landing）時，安全的速度控制很重要，請問此安全速度會由什麼條件所決定（或控制）？為什麼？（10 分）

（二）接（一），降低飛機的起飛與降落速度以保持飛行安全及舒適相當重要，試從飛行原理，說明如何降低飛機的起飛與降落時的速度？（10分）

四、

（一）一般的固定翼（Fixed wing）飛機都設計成縱向面對稱（Longitudinal plane of symmetry），請討論要達成此種對稱的條件有那些？（8分）

（二）接（一），但雖然如此，往往固定翼飛機在飛行時可能會發生氣動力非對稱（Aerodynamic asymmetry），或者是慣性非對稱（Inertial asymmetry）的情形，請詳細討論其原因？（12分）

五、

（一）何謂飛機的配平（Trim）？（8分）

（二）若飛機作穩定飛行時，它的配平條件（Trim condition）為何？（8分）

（三）接（二），如果飛機飛行時未滿足配平條件，則該飛機的飛行行為（Flight behavior）為何？（4分）

101 年民航人員考試試題

等　　別：三等考試

科　　目：飛航管制

考試時間：二小時

※注意事項：

（一）不必抄題，作答時請將試題題號及答案依照順序寫在試卷上，於本試題上作答者，不予計分。

（二）禁止使用電子計算器。

一、

（一）在萊特兄弟（Wright Brothers）發明飛機之前，滑翔飛行（例如滑翔機）與漂浮飛行（例如氣球）都已經有幾十年的歷史，那麼請問為什麼我們將飛機的發明歸功於萊特兄弟？（10 分）

（二）1909 年 9 月 21 日，那一位中國人在什麼地方成功試飛他研製的飛機？（5 分）

二、

（一）當今各航空公司普遍使用的大型客機（或貨機），絕大多數都使用渦扇引擎（Turbofan engine），請以飛行速率（Speed）或馬赫數（Mach number）為橫軸，飛行高度為縱軸，畫出其飛行包線（Flight envelope）。（10 分）

（二）請說明（一）之飛行包線的特性與意義。（10 分）

三、飛機在起飛之前的地面滑行階段，飛機受力狀況隨滑行速度而改變，請說明從靜止到起飛瞬間，其受力情況的變化。（20 分）

四、當今各航空公司普遍使用的大型客機（或貨機），都是以高次音速作巡航飛行，請問，可以直接將其引擎馬力加大，以達到超音速巡航的目的嗎？為什麼？（20分）

五、請說明飛機之最陡爬升（Steepest climb）和最快爬升（Fastest climb）有什麼差異。（10分）

六、下圖是歐洲航空防衛與太空公司（European Aeronautic Defense and Space Company，簡稱 EADS）所屬阿斯翠姆公司（Astrium）之太空飛機（Space plane）的飛行輪廓，請說明從起飛經 A、B、C、D、E（圖上的英文字母都有加圈）各點到降落著陸，各階段的飛行特性。（15分）

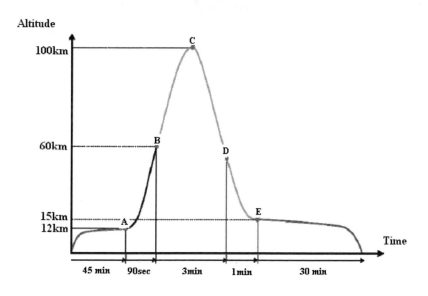

參考資料

二

民航人員三等考試航空通信歷年考古題

參考網站：中華民國考選部網站

（網址：http://wwwc.moex.gov.tw/main/exam/wFrmExamQandASearch.
aspx?menu_id=156&sub_menu_id=171）

97 年民航人員考試試題

等　　別：三等考試

科　　目　航空通信

考試時間：二小時

※注意事項：

（一）不必抄題，作答時請將試題題號及答案依照順序寫在試卷上，於本試題上作答者，不予計分。

（二）得使用電子計算器。

一、一架飛機以時速 700 公里（km/hr）在高度為 10 公里（km）進行巡航（cruise）飛行。若機身外面空氣量得的溫度為 223.26 K（Kelvin），壓力為 2.65×10^4 牛頓/公尺^2（N/m^2），密度為 0.04135 公斤/公尺^3（kg/m^3）。已知氣體常數（gas constant）為 287 公尺^2/秒^{2}K（m^2/sec^2K）。試計算在此高度的聲音速度（speed of sound）。（10 分）而此時飛機的飛行馬赫數（Mach number）為多少？（10 分）

二、一架民航機在高度為 H 且以 V_1 的速度做巡航飛行時，假若此高度的空氣壓力為 P_1、溫度為 T_1、密度為 ρ_1。若不考慮可壓縮效應，且忽略摩擦損失，則當飛機上某一點的速度變為 V_2 時，則此點的壓力變為多少？（10 分）若考慮可壓縮效應時，則此點的壓力是增加或減少？試解釋其原因。（10 分）

三、何謂寄生阻力（parasite drag）？（7 分）何謂誘導阻力（induced drag）？（7 分）何者會受飛行升力所影響？試解釋說明之。（6 分）

四、民航機的推進系統大致上可分為螺旋槳式（Propeller-driven）與噴射式（Jet-driven）兩類，就飛機的飛行速度與飛行高度為考量，飛機如何選用上述的引擎配合使用？原因何在？試詳細說明之。（20分）

五、就飛行力學的觀點，一架飛機要作六個自由度（degree of freedom）的穩定飛行，請問是那六個自由度？（10分）若飛機要作穩定控制時，其相對的控制舵面（control surfaces）分別為何？試說明之。（10分）

100年民航人員考試試題

等　　別：三等考試

科　　目：航空通信

考試時間：二小時

※注意事項：

（一）不必抄題，作答時請將試題題號及答案依照順序寫在試卷上，於本試題上作答者，不予計分。

（二）得使用電子計算器。

一、

（一）何謂負載因素（Load Factor）？（5分）

（二）當飛機以定速（V∞）作水平巡航（Level cruise）時，此時的負載因素為何？（7分）

（三）接（二），若此飛機以相同速度（V∞）作半徑為 R 的爬升飛行（Pull-up flight）時，此時的負載因素為何？（8分）

二、

（一）何謂飛機的失速（Stall）？（6分）

（二）何謂飛機的失速速度（Stall speed）？（6分）

（三）飛機飛行時，如何避免失速的發生？（8分）

三、

（一）飛機起飛與降落（Take-off and landing）時，安全的速度控制很重要，請問此安全速度會由什麼條件所決定（或控制）？為什麼？（10分）

（二）接（一），降低飛機的起飛與降落速度以保持飛行安全及舒適相當重要，試從飛行原理，說明如何降低飛機的起飛與降落時的速度？（10分）

四、

（一）一般的固定翼（Fixed wing）飛機都設計成縱向面對稱（Longitudinal plane of symmetry），請討論要達成此種對稱的條件有那些？（8分）

（二）接（一），但雖然如此，往往固定翼飛機在飛行時可能會發生氣動力非對稱（Aerodynamic asymmetry），或者是慣性非對稱（Inertial asymmetry）的情形，請詳細討論其原因？（12分）

五、

（一）何謂飛機的配平（Trim）？（8分）

（二）若飛機作穩定飛行時，它的配平條件（Trim condition）為何？（8分）

（三）接（二），如果飛機飛行時未滿足配平條件，則該飛機的飛行行為（Flight behavior）為何？（4分）

參考資料

三

民航人員三等考試航空駕駛歷年考古題

參考網站：中華民國考選部網站

（網址：http://wwwc.moex.gov.tw/main/exam/wFrmExamQandASearch.
aspx?menu_id=156&sub_menu_id=171）

92年民航人員考試試題

等　　別：三等考試

科　　目：航空駕駛

考試時間：二小時

※注意事項：

（一）不必抄題，作答時請將試題題號及答案依照順序寫在試卷上，於本試題上作答者，不予計分。

（二）禁止使用電子計算器。

一、

（一）一架飛機要能在等高情況下保持等速飛行，必須符合力的平衡條件，請問飛機飛行中受那些力量作用？又在此等高等速條件下，那些力要平衡？（10分）

（二）飛機有三個主軸，飛機可以在此三主軸上移動（translation）或轉動（rotation）此即所謂飛機之六個運動自由度（six degrees of freedom），請定義飛機之三個主軸（請以文字或畫圖詳細說明）。飛行時飛機可以沿此三主軸旋轉，請問沿此三軸旋轉之運動如何稱呼？又飛機如何運用其那些主要控制面（control surface）來操縱控制此三軸之旋轉？以及如何保持穩定？（請詳細說明）（15分）。

二、現今飛機之推進系統主要是採用氣渦輪引擎（gas turbine engine），請問飛機之噴射推進氣渦輪引擎主要包括那些主要組件？各個組件之功能與作用各為如何？飛機引擎主要是依據噴射推進原理，驅動飛機往前推進，其推進原理與牛頓的作用力與反作用力定律有關，請問驅使飛機往前推進的力量從

何而來？如何產生？（請詳細說明）這個推進力量的產生與上述飛機氣渦輪引擎的個別組件的對應關係又如何？（25分）

三、在機翼設計與實際飛行操控上，常困擾的兩個問題：一是機翼失速問題（wing stall problem），請問何謂機翼失速？其現象為何？又如何控制，或如何避免？另一為機翼臨界馬赫數（critical Mach number），請問何謂臨界馬赫數？這是如何的現象？對飛機與飛行有何影響？如何控制或避免？（25分）。

四、飛機引擎可以產生推進的力量，稱之為引擎推力（thrust force），請問推力如何定義？常用上，推力又如何以數學式表示？當然推力除了與引擎本身性能有關外，與操作之環境也有很大的關係，例如，在大氣中，我們知道大氣溫度隨離地表（海平面）高度，呈現不同變化，可以呈現三個區域，一為海平面到11公里（36150英尺）之對流層（troposphere），溫度隨高度直線遞減，一為11公里上至約25公里處，稱為同溫層（stratosphere），溫度維持不變，超出25公里溫度又隨高度遞增。請以圖表示推力個別與航速，大氣溫度，大氣壓力，大氣層高度的關係。（25分）

93 年民航人員考試試題

等　　別：三等考試

科　　目：航空駕駛

考試時間：二小時

※注意事項：

（一）不必抄題，作答時請將試題題號及答案依照順序寫在試卷上，於本試題上作答者，不予計分。

（二）得使用電子計算器。

一、在對流層（troposphere），大氣溫度 T 與高度 h 之關係式如下：

$$T = T_1 + a(h - h_1)$$

式中，T_1、a 與 h_1 均為常數。若空氣可以假設為理想氣體，其氣體常數為 R，重力加速度 g 設為常數。根據以上假設，試導出空氣密度 ρ 與高度 h 之關係式。（20 分）

二、試詳細說明飛機機翼的上反角（dihedral angle）如何影響飛機滾轉方向的姿態穩定？（20 分）

三、設有一飛機，其重量為 $W = 20{,}000$ 磅，參考面積為 $S = 250$ 平方呎，在高度 $h = 36{,}000$ 呎（空氣密度 $\rho = 0.0006857$ 斯辣/立方呎，音速 $V_s = 958.43$ 呎/秒），以馬赫（Mach）數 $M = 0.6$ 飛行。若升力係數 C_L 及俯仰力矩係數 C_m，可以分別以下列二式表示：

$$C_L = C_{L_0} + C_{L_\alpha} \alpha + C_{L_\delta} \delta_e$$

$$C_m = C_{m_0} + C_{m_\alpha}\alpha + C_{m_\delta}\delta_e$$

式中，α 為攻角，δ_e 為升降舵折角。其他係數為常數，設 $C_{L0} = 0.03$，$C_{L\alpha} = 5.84$（每弧度），$C_{L\delta} = 0.556$（每弧度），$C_{m0} = 0.04$，$C_{m\alpha} = -0.64$（每弧度），$C_{m\delta} = -1.52$（每弧度）。計算飛機在平飛配平（trim）狀態的攻角 α 與升降舵折角 δ_e（請以角度表示之，設 $\pi = 3.1416$）。（20分）

四、設有一噴射飛機，其阻力係數 C_D 可以下式表示：

$$C_D = C_{D_0} + KC_L^2$$

式中，C_{D0} 為零升力阻力係數，K 為升力誘導阻力因數（lift-induce drag factor），兩者均設為常數，C_L 為升力係數。假設飛機重量為 W，參考面積為 S。飛機每產生一磅推力，每小時消耗燃料 c 磅，燃料總重量為 W_{fuel}。飛機以等高度（空氣密度為 ρ）飛行。試以所給的參數：

（一）導出最低阻力之速度。（20分）

（二）導出最遠航程。（20分）

94 年民航人員考試試題

等　　別：三等考試

科　　目：航空駕駛

考試時間　二小時

※注意事項：

（一）不必抄題，作答時請將試題題號及答案依照順序寫在試卷上，於本試題
　　　上作答者，不予計分。

（二）禁止使用電子計算器。

一、當候鳥結隊飛行時，常採用「人」字形的飛行方式，請以空氣動力學的觀點
　　繪圖及說明其原因？（10分）

二、請列出一般飛機於飛行時產生的兩大類共四種阻力，並請分別說明此四種阻
　　力產生的原因。（15分）

三、請繪圖並說明使用襟翼（Flap）及翼條（Slat）可以產生較高升力的原因，
　　另請分別繪出使用（一）襟翼（二）翼條（三）不使用襟翼及翼條時，其升
　　力係數 C_L 對攻角 α 的曲線圖。（25分）

四、請寫出完整的柏努利方程式（Bernoulli's Equation），並請繪圖及說明公式
　　中的各符號意義。（25分）

五、若噴嘴（Nozzle）之截面積與速度關係式（Area-Velocity Relation）如下：

$$\frac{dA}{A} = (M^2 - 1)\frac{dV}{V}$$

請解釋公式中各符號之意義，另請繪圖及說明超音速噴嘴之設計該如何？若噴嘴噴出之氣流超過音速，請以上述公式說明為何噴嘴內氣流速度 M=1 之點會位於噴嘴喉部（Throat）位置？（25 分）

95年民航人員考試試題

等　　別：三等考試

科　　目：航空駕駛

考試時間：二小時

※注意事項：

（一）不必抄題，作答時請將試題題號及答案依照順序寫在試卷上，於本試題上作答者，不予計分。

（二）得使用電子計算器。

一、何謂穩定裕度（Static Margin）？飛機在飛行時，飛行員如何改變其穩定裕度？如果此飛機為一非傳統式的前置翼（Canard）飛機，則其穩定裕度有何變化？（20分）

二、試詳細說明一般民用飛機翼剖面（Airfoil）產生升力的機制，請務必包含庫塔條件（Kutta Condition）的作用。（20分）

三、試說明翼端渦流（Trailing Vortices）的產生機制及其對飛機起飛、降落時的影響，如一19人座之商務飛機在降落時尾隨一B747客機之後，則需保持多少距離？（20分）

四、飛機在進行五邊進場時，飛行員應如何操控、調整各控制面（Control Surfaces），試詳細說明之。（20分）

五、何謂失速？請詳細以圖形及方程式 $L = \dfrac{1}{2}\rho V_\infty^2 S C_L$ 說明失速之成因，另請說明如何避免翼端失速（Tip Stall）。（20分）

96 年民航人員考試試題

等　　別：三等考試
科　　目：航空駕駛
考試時間：二小時

※注意事項：

　（一）不必抄題，作答時請將試題題號及答案依照順序寫在試卷上，於本試題
　　　　上作答者，不予計分。

　（二）得使用電子計算器。

一、如何決定一架飛機的飛行高度升限（Ceiling）？（10分）同時討論飛機的高
　　度升限受那些因素影響？（10分）

二、何謂飛機的氣動力中心（aerodynamic center，AC）？（5分）何謂飛機的重
　　心（center of gravity，CG）？（5分）何謂靜態穩定（static stability）？（5
　　分）該飛機要形成靜態穩定的基本條件為何？（5分）

三、何謂失速（stall）？（4分）一架飛機發生失速的原因有那些？（8分）以及
　　討論如何防止失速的發生？（8分）

四、試討論皮氏管（Pitot tube）作為飛機空速計的工作原理為何？（10分）以及
　　討論其產生誤差的原因，同時如何做修正或校正以減低誤差的方法？（10分）

五、假設地球大氣的對流層（troposphere, or gradient layer）由地表（或海平面）
　　至高度 11 公里（km）處，而同溫層（stratosphere, or isothermal layer）則由
　　11 公里至高度 25 公里處。已知海平面的溫度為 288.16K，壓力為 1.01325 ×

10^5 N/m²，而高度 11 公里處的溫度為 216.66K，且假設氣體常數為 287 Nm/kgK。

試計算：

（一）在同溫層與對流層的溫度隨高度的變化率（lapse rate）為何？（10 分）

（二）在高度為 20 公里處的壓力與空氣密度為何？（10 分）

97 年民航人員考試試題

等　　別：三等考試
科　　目：航空駕駛
考試時間：二小時

※注意事項：

（一）不必抄題，作答時請將試題題號及答案依照順序寫在試卷上，於本試題
　　　上作答者，不予計分。

（二）得使用電子計算器。

一、何謂需求推力（Required Thrust）？某架近代民用客機（如波音 777）在相
　　同速度、相同重量、但不同高度飛行時，低高度（如近地面）或高高度（如
　　35000 英呎）二者何者之需求推力較大？試詳述其原因。（20 分）

二、降落（Landing）與起飛（Take-off）何者較為困難？試說明飛行員在降落時，
　　需要調整或注意那些飛機性能參數與外界環境因素。（20 分）

三、何謂臨界馬赫數（Critical Mach Number）？它與飛機之最佳巡航速度有何關
　　係？又為何具大後掠角（Swept Angle）機翼之飛機其巡航速度較大？試說明
　　之。（20 分）

四、飛機在高攻角姿態飛行時，可能發生流體分離（Separation）、新增尾流（Wake）
　　及壓力阻力（Pressure Drag）等現象，吾人可否利用柏努利方程式（Bernoullis
　　Equation）以說明此壓力阻力生成的原因？為什麼？（20 分）

五、為何載客用之民用飛機必須使用兩具以上的發動機？另詳細說明如飛機在起飛且尚未離開地面時，發動機之一如熄火則飛行員應有的處置方式，為什麼？（20分）

98 年民航人員考試試題

等　　別：三等考試
科　　目：航空駕駛
考試時間：二小時

※注意事項：

（一）不必抄題，作答時請將試題題號及答案依照順序寫在試卷上，於本試題
　　　上作答者，不予計分。

（二）得使用電子計算器。

一、試畫出任意三種一般客機（Boeing737，747……等）尾翼的控制面（Control
　　surfaces of tail），（10分）並分述其在飛行時的功能。（10分）

二、雷諾數（Reynolds number）定義為何？（8分）雷諾數對最大升力係數（Maximum
　　lift coefficient）的影響為何？（6分）又何謂臨界雷諾數（Critical Reynolds
　　number）？（6分）

三、近年來仿生學（Bio-mimicry）研究較盛行，試舉出人們模仿「昆蟲或植物」
　　飛行的二個例子，（6分）並說明其原理（8分）及近代類似的飛行器有那
　　些？（6分）

四、飛機發動機與機身整合是一複雜工程，發動機置放位置會影響飛機的安全、
　　控制、阻力……等。試列出後置發動機安排（Aft-engine arrangement）的優
　　點或缺點共五項。（20分）

五、飛機失事原因眾多，試列出其中人為因素（Human factor）五項；（10分）
並且由飛機失事分佈圖（Accident profiles）中，可發現最易失事統計中有關
飛行員的年紀、飛行時數、飛行狀態大約為何？（10分）

99 年民航人員考試試題

等　　別：三等考試
科　　目：航空駕駛
考試時間　二小時

※注意事項：

（一）不必抄題，作答時請將試題題號及答案依照順序寫在試卷上，於本試題
　　　上作答者，不予計分。

（二）得使用電子計算器。

一、飛機於空中飛行的速度為 V∞，而當時聲音的速度為 a∞，請以此兩速度表示
　　飛機馬赫數（Mach Number）的公式為何？（10 分）並請列出次音速、音速
　　及超音速的馬赫數為何？（10 分）

二、請繪圖說明飛機的上反角（Dihedral Angle）為何？（10 分）並請說明上反
　　角對飛機的飛行穩定有何幫助？（10 分）

三、請寫出下圖所標示□1 至□5 的飛機各部位專有名稱為何？（10 分）並請說
　　明其功能為何？（10 分）

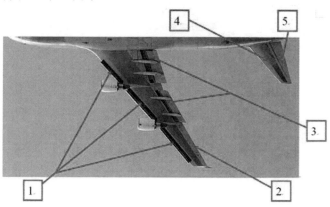

四、大型客機巡航速度多為 0.85 馬赫，因此機翼均採用梯形及後掠角的設計（如上圖），請說明此設計可減少何種阻力？（10 分）並請說明原理為何？（10 分）

五、飛機在飛行時產生的寄生阻力（Parasitic Drag）主要可分為那三類？（10 分）並請說明產生的原因及如何減少此類阻力？（10 分）

100 年民航人員考試試題

等　　別：三等考試

科　　目：航空駕駛

考試時間：二小時

※注意事項：

（一）不必抄題，作答時請將試題題號及答案依照順序寫在試卷上，於本試題
上作答者，不予計分。

（二）得使用電子計算器。

一、請簡單繪製飛機尾翼圖型，其中包括：水平安定面（Horizontal Stabilizer）、
垂直安定面（Vertical Stabilizer）、升降舵（Elevator）及方向舵（Rudder），
並請分別說明其功能為何？（25 分）

二、若三維機翼之翼展（Span）為 b、機翼面積（Area）為 S、弦長（Chord）為
c，請依此推導出展弦比（Aspect Ratio；AR）公式 $AR = b^2/S$；其次，若三個
機翼擁有相同之翼型（Airfoil）及不同的展弦比（如：$AR = 20$、10、5），
請以攻角 α 為 X 軸，C_L 升力係數為 Y 軸，大略繪出各機翼升力係數曲線，
亦請說明不同 AR 對升力係數曲線所造成之影響為何？（25 分）

三、請問飛機降落跑道並滑行時，所用的煞車裝置主要為那三種？並請分別說明
三種裝置各自運用何種力進行煞車。（25 分）

四、若飛機飛行在 10000 公尺高空時的空氣密度為 ρ，此時飛機的真實空速（True Air Speed）為 V，請以前述符號表示空氣動壓（Dynamic Pressure）P_d 的公式，並請說明為何此時飛機的真實空速會比飛機空速表所顯示的指示空速（Indicated Air Speed）高很多？（25 分）

101 年民航人員考試試題

等　　別：三等考試
科　　目：航空駕駛
考試時間：二小時
※注意事項：

（一）不必抄題，作答時請將試題題號及答案依照順序寫在試卷上，於本試題上作答者，不予計分。

（二）得使用電子計算器。

一、未來 Boeing 797 之造形可能如下圖所示，請說明：

（一）採用機翼機身混合（Blended Wing Body）設計的空氣動力優點？（4分）

（二）請舉出一項將引擎置於飛機最後端對搭機乘客的優點？（4分）

（三）此飛機的垂直安定面（Vertical Stabilizer）設計於何位置？（4分）

（四）此垂直安定面有何其它重要功能？（4分）

（五）請列舉兩種可能方式進行此飛機的方向控制（Yaw Control）？（4分）

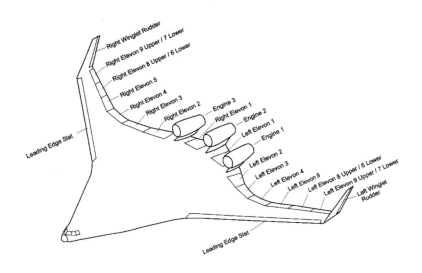

二、請說明下列航太英語專用之飛機動作：

（一）Taxi（2分）

（二）Takeoff（2分）

（三）Climb（2分）

（四）Cruise（2分）

（五）Descent（2分）

（六）Holding（4分）

（七）Final Approach（4分）

（八）Landing（2分）

三、

（一）請繪圖說明何謂低空風切（Low-Level Wind Shear 或稱微風爆 Microburst）？
（10分）

（二）以基本的三維升力方程式說明飛機飛入低空風切前、後對升力的影響？
與可能發生之狀況？（10分）

四、

（一）請繪圖說明戰鬥機於飛行時，G力（G Force）是如何產生的？（5分）

（二）請列舉兩種設備或設計可協助戰鬥機飛行員抵抗G力。（5分）

（三）請以離心力公式說明戰鬥機於何種狀況的G力會更大？（10分）

五、請說明：

（一）飛機於冰雪天氣起飛時，機身與機翼積雪所衍生之狀況與危險。（10分）

（二）飛機於濕冷高空巡航時，機翼前緣結冰所衍生之狀況與危險（10分）

特別收錄

101 年民航特考試題
詳解

101 年民航人員飛航管制三等考試試題解答

等　　別：三等考試

科　　目：飛航管制

考試時間：二小時

※注意事項：

（一）不必抄題，作答時請將試題題號及答案依照順序寫在試卷上，於本試題上作答者，不予計分。

（二）禁止使用電子計算器。

一、（一）在萊特兄弟（Wright Brothers）發明飛機之前，滑翔飛行（例如滑翔機）與漂浮飛行（例如氣球）都已經有幾十年的歷史，那麼請問為什麼我們將飛機的發明歸功於萊特兄弟？（10 分）

（二）1909 年 9 月 21 日，那一位中國人在什麼地方成功試飛他研製的飛機？（5 分）

解答

（一）萊特兄弟利用自製的小型風洞進行了大量實驗，收集了比前人更精確的數據，從而設計出了更高效的機翼和螺旋槳，在 1903 年 12 月 17 日駕駛自行研製的固定翼飛機飛行者一號實現了人類史上首次重於空氣的航空器，進行持續而且受控的動力飛行。雖然萊特兄弟不是進行航空器飛行試驗的第一人，但他們首創了讓固定翼飛機能受控飛行的飛行控制系統，從而為飛機的實用化奠定了基礎，因此我們將飛機的發明歸功於萊特兄弟。

（二）馮如是我國第一位飛機設計師、製造家、飛行家，也是我國第一位飛行隊長、第一個獲得美國航空學會頒發的甲等飛行員證書的中國人，他在 1909年 9 月 21 日在奧克蘭市的郊區，以 2640 英尺的航程超過萊特兄弟首次試

飛 852 英尺的成績。美國報紙驚呼："中國人航空技術超過西方。"贊譽馮如為「東方的萊特」，更被中國航空業者尊為「中國航空之父」。

衍生出的問題

一、風洞的功用&吹試條件。
二、模型與實體的相似性
三、西方人贊譽馮如為何？
四、被中國航空業者尊為「中國航空之父」是那一位？

二、（一）當今各航空公司普遍使用的大型客機（或貨機），絕大多數都使用渦扇引擎（Turbofan engine），請以飛行速率（Speed）或馬赫數（Mach number）為橫軸，飛行高度為縱軸，畫出其飛行包線（Flight envelope）。（10分）

（二）請說明（一）之飛行包線的特性與意義。（10分）

解答

（一）

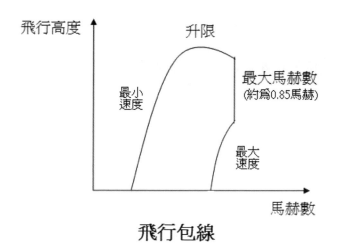

飛行包線

（二）

　　對於某一特定的飛機來說，它在某一個確定的高度上，可以保持水平飛行的速度是有一定範圍的。飛行速度大到一定極限時，則發動機的推力不夠；飛行速度小到一定極限時，升力又不夠。以速度作為橫坐標，以高度作為縱坐標，把各個高度下的速度上限和下限畫出來，這樣就構成了一條邊界線，成為飛行包線，飛機只能在這個線的範圍內飛行。如上圖所示，飛行包線的左邊表示受到最小速度的限制；右邊受最大速度和最大馬赫數限制；而頂端則受到飛機升限的限制。

PS1：飛行包線會受到飛行速度、飛行高度、負載因子、發動機性能、氣動力特性、音爆、噪聲和空氣污染等限制。

　PS2：飛機的類型不同，所受到的限制條件不一定相同，飛行包線自然也不會相同。即使同類型飛機，由於使用的發動機不同，飛機外形不同，飛行性能不會一樣，包線的形狀也不相同。即使是同類型的飛機，由於使用的發動機不同，飛機外形不同，飛行性能不會一樣，包線的形狀也不相同。

衍生出的問題

一、飛機升限的意義與種類。
二、次音速流、穿音速流與超音速流飛機的意義。
三、臨界馬赫數的意義。
四、民航機延遲臨界馬赫數的方法。

三、飛機在起飛之前的地面滑行階段，飛機受力狀況隨滑行速度而改變，請說明從靜止到起飛瞬間，其受力情況的變化。（20分）

解答

　　飛機從靜止到運動的階段，飛機的發動機會產生推力，藉以克服阻力以及機輪與地面的摩擦力，因而產生向前的加速度。當飛機到達仰轉速度（VR），機師開始拉起機頭，飛機開始產生升力。此時推力與升力所產生的向上合力會大於重力，因此飛機開始起飛。

一、飛機為什麼會飛？
二、試述飛機的飛行狀態。
三、試述飛機飛行時所受的四個力。
四、飛機飛行時的受力情況（運動方程式）。
五、V 速率（V-speeds）。

四、當今各航空公司普遍使用的大型客機（或貨機），都是以高次音速作巡航飛行，請問，可以直接將其引擎馬力加大，以達到超音速巡航的目的嗎？為什麼？（20分）

解答

（一）不可以。

（二）因為飛機在接近音速（穿音速飛行）時，空氣被壓縮而產生震波，其空氣阻力會驟增。在此速度區域飛行會消耗大量燃油，並且會影響飛行安全及存在噪音問題。

一、次音速流、穿音速流與超音速流流場的意義。
二、次音速流、穿音速流與超音速流流場的速度區域。
三、次音速飛機與超音速飛機的的定義。
四、音障與震波的意義。
五、民航機延遲臨界馬赫數的方法。
六、臨界馬赫數的意義。

五、請說明飛機之最陡爬升（Steepest climb）和最快爬升（Fastest climb）有什麼
　　差異。（10分）

解答

（一）所謂最陡爬升（又稱最大爬升坡度速度）是指飛機在以最大爬升坡度速度
　　　爬升時，可以在相同地面距離下有最大的高度增益。一般會出現在飛機推
　　　力和阻力的差為最大值（最大剩餘推力，maximum excess thrust）時。若
　　　是噴射機，大約會在最小阻力速度，或是阻力－速度圖的最低點。

（二）所謂最快爬升是指飛機在以最大爬升速度爬升時，可以在相同時間下有最
　　　大的高度增益。一般會出現在飛機在克服阻力後，剩餘動力為最大值（最
　　　大剩餘動力，maximum excess power）時出現。

（三）最陡爬升與最大爬升間的關係

　　1. 一般而言，最陡爬升率會小於最大爬升率。

　　2. 最陡爬升率會隨著高度的增加而增加，而最大爬升率會隨著高度的增加而減少。

　　3. 當飛機到達絕對升限（absolute ceiling）的高度時，最大爬升率會等於最
　　　陡爬升率。

　PS：所謂絕對升限是指飛機能進行平飛的最大飛行高度，此時爬升率為零。
　　　　由於達到這一高度所需的時間為無窮大，故又稱為理論升限。所以一般
　　　　而言最陡爬升率會小於最大爬升率。

衍生出的問題

一、爬升率的定義。
二、爬升率的種類。
三、最大爬升率會等於最陡爬升率的條件。
四、飛機升限的定義。
五、飛機升限的影響因素。
六、飛機升限的種類。
七、提高飛機升限的方法。
八、判定飛機性能的主要特性。

六、下圖是歐洲航空防衛與太空公司（European Aeronautic Defense and Space Company，簡稱 EADS）所屬阿斯翠姆公司（Astrium）之太空飛機（Space plane）的飛行輪廓，請說明從起飛經 A、B、C、D、E（圖上的英文字母都有加圈）各點到降落著陸，各階段的飛行特性。（15分）

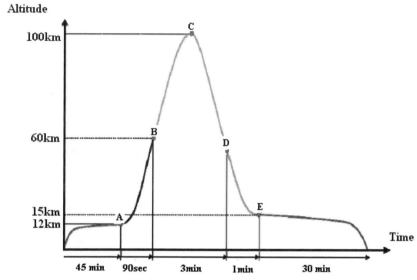

解答

　　太空飛機（Spaceplane）是一種被設計成用來飛入太空再回到地表的一種航空器，其主要的特性將航空器與太空載具的特色合而為一，它的推進方式可能是直接採用火箭或者是使用需要吸入空氣的引擎。太空飛行器的飛行過程一般分為發射段、運行軌道段以及降落軌道段三個過程，由於大氣特性與推進方式的不同，我們又可將每個過程區分為幾個階段，說明如下：

一、由地表到 C 點的過程，我們稱為發射段，其目的是將太空飛機從地面起飛達到預定的高度和速度，在此過程中，我們可依大氣特性與推進方式的不同，區分為幾個階段，分述如下：

（一）從地表到 A 點的階段：太空飛機的推進裝置如一般商用飛機一樣是使用吸氣式的渦輪引擎（Turbine Engine），從大氣中吸入氧氣助燃，再藉由壓縮機壓縮增加進氣的壓力與溫度，藉以增進燃燒室的燃燒效率。

（二）從 A 點到 B 點的階段：由於太空飛機的飛行速度到達超高速，壓縮機的壓縮效應對燃燒室之燃燒效率的影響不大，此時太空飛機的推進裝置比較趨向於吸氣式的衝壓引擎（Ramjet Engine），為了能夠在吸氣飛行階段提高發動機的效率，就必須讓吸入的空氣充分降溫，因此 A 點到達約 30km 前，反而必須讓吸入的空氣充分降溫，然後再進行壓縮，並與氫氣發生反應；在 30km 後可選擇以利用原有推力的慣性作用或隨機攜帶的氫氣和氧氣燃燒產生推力（火箭式引擎推力模式）到達 B 點。

（三）從 B 點到 C 點的階段：由於已脫離大氣層，此時太空飛機為無重力狀態，太空飛機的推進方式可選擇以利用原有火箭推力的慣性作用或火箭式引擎推力模式，到達軌道（C 點）。

二、C 點為運行軌道段，可藉由萬有引力等自然界外力作用來運動。但是仍然有時會需要少量的推力以維持預定的軌道（繞地球飛行）。

三、從 C 點到地表的過程，我們稱為降落軌道段：太空飛機需要離開運行軌道返回地球表面。在此過程中，我們仍可根據大氣特性與推進方式的不同，區分為幾個階段，分述如下：

（一）從 C 點到 D 點的階段：太空飛機利用火箭推力離開運行軌道到達到 D 點。

（二）從 D 點到 E 點的階段：在降落過程中要執行大氣層內機動，太空飛機應減速至 2 倍音速左右，然後再藉由降落傘與推力反向器做進一步減速。

（三）從 E 點到地表的階段：其操作就如同一般商用飛機一樣，使用吸氣式的渦輪引擎（Turbine Engine），利用一般機場跑道進行降落。

PS：太空飛機的未來目標是像一般飛機一樣起飛、升高降低高度、降落，並且有不必拋棄裝備就進入軌道的能力，不過依據目前的科技，距離真正問世至少還需要 10 年的時間。

衍生出的問題

一、發動機的分類。
二、渦輪引擎的分類與特性。
三、衝壓引擎的組成與特性。
四、太空飛機的特性與未來目標。

101 年民航人員航空駕駛考試試題解答

等　　別：三等考試

科　　目：航空駕駛

考試時間：二小時

※注意事項：

（一）不必抄題，作答時請將試題題號及答案依照順序寫在試卷上，於本試題
　　　上作答者，不予計分。

（二）得使用電子計算器。

一、未來 Boeing 797 之造形可能如下圖所示，請說明：

（一）採用機翼機身混合（Blended Wing Body）設計的空氣動力優點？（4分）

（二）請舉出一項將引擎置於飛機最後端對搭機乘客的優點？（4分）

（三）此飛機的垂直安定面（Vertical Stabilizer）設計於何位置？（4分）

（四）此垂直安定面有何其它重要功能？（4分）

（五）請列舉兩種可能方式進行此飛機的方向控制（Yaw Control）？（4分）

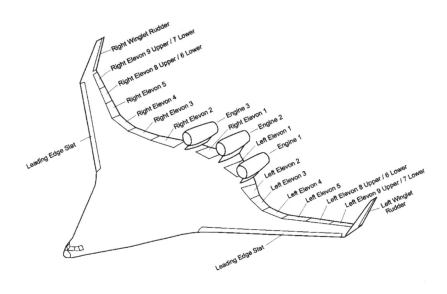

（一）Boeing 797 機翼機體混合結構空氣動力優點，最主要的是提升「升力推力比」，由於這種結構使飛機的重量減少了 25%，所以升力推力比增加了 50%，因此增加了續航力與燃油效率，除此之外，高強度機體是 797 機翼機體混合式結構的另一主要優點，它可以減少空氣亂流對飛機的影響，提高燃油燃燒效率。

PS1：混合機翼是指機翼機體合而為一。

PS2：空中客車 A380 飛機是目前載客量最大的飛機，而它的競爭對手波音公司正準備推出能承載 1000 名旅客的波音 797 噴氣式飛機，是空客 A380 的近兩倍。

PS3：波音 797 具有在滿載 1000 名乘客的負載下，飛行速度到達每小時 1046 公里，續航能力 16000 公里的能力，，這個龐然大物的翼展能達到 265 英尺，但完全可以適用於 A380 起降的機場。

（二）其優點大致計有：

1. 由於發動機不裝在機翼下，所以機翼相對"乾淨"，可以最大限度地提高機翼氣動效率。

2. 前、後緣增升裝置不再會因為有吊掛和噴流的存在而被打斷，可以實現理想的高升力佈局，改善飛機的起飛和著陸特性。

3. 可以按照優選的縱向和橫向操縱，穩定要求來確定機翼上反角，不再受發動機短艙及進氣道唇口離地高度的制約。

4. 尾吊佈局的發動機使客艙前部和中部大部分客艙內噪音更低，旅客的視野較好。

5. 由於進氣道離地高，吸入外物打傷發動機的概率較小。

（三）如下圖所示，Boeing 797 的垂直安定面應是設置機翼兩端翼尖處向上翹起之平面。

垂直安定面 ←

（四）Boeing 797 的垂直安定面除具有使飛機在偏航方向上（即飛機左轉或右轉）具有靜穩定性的作用，尚具一般民航機"翼端小尖（Winglet）"的功用，也就是透過改變翼尖附近的流場從而削減翼尖因上下表面壓力不同所產生之渦流，藉以達到減少誘導阻力與誘導阻力所引發的現象之目的。

（五）飛機的方向控制（Yaw Control）可能的制動原理有二：

1. 藉由左右方向舵（Rudder）同時向左向右擺動達到方向控制（Yaw Control）的目的。

2. 藉由控制一號與三號發動機（左右發動機）產生不同的推力，達到方向控制（Yaw Control）的目的。

衍生出的問題

一、後置發動機安排（Aft-engine arrangement）的優點或缺點。
二、飛機構造與功用。
三、減少誘導阻力的方法。
四、飛機的控制面與制動原理。

二、請說明下列航太英語專用之飛機動作：

（一）Taxi（2 分）　　（二）Takeoff（2 分）　　（三）Climb（2 分）

（四）Cruise（2 分）　　（五）Descent（2 分）　　（六）Holding（4 分）

（七）Final Approach（4 分）　　（八）Landing（2 分）

解答

（一）Taxi：Taxi 是的中文意義是滑行，它是指飛機起飛前或著陸後在地面緩慢滑行的動作。

（二）Takeoff：Takeoff 的中文意義是起飛，它是指飛機離開地面開始飛行的動作。

（三）Climb：所謂 Climb 的中文意義是爬升，它是指一架飛機從起飛後爬升到一定高度（巡航高度）的飛行階段。

（四）Cruise：所謂 Cruise 的中文意義是巡航，它是指飛機爬升到一定高度（巡航高度）時就收小油門，稱為平飛，這時候升力等於重力，也就是 $L = W$；$T = D$，此時飛機會保持平穩、等高及等速飛行之狀態。

（五）Descent：所謂 Descent 的中文意義是下降，它是指飛機接近目的地時，由巡航高度開始漸漸減少其飛行高度，最後到達進場高度或指示其空中待命的空域為止的飛行階段。

（六）Holding：所謂 Holding 的中文意義是空中待命，它是指飛機待降時在等待空域（空中待命）的飛行階段。

（七）Final Approach：所謂的 Final Approach 的中文意義是最終進場，它是指飛機由開始操作準備降落機場，到到達跑道端（Runway End）上空 50ft（15m）之高度的飛航階段，則稱為進場（Approach），現在飛機大多使用儀表飛航（IFR，Instrument Flight Rule）的方式，儀器飛航下的進場方式可分為初期進場（Initial Approach）、中期進場（Intermediate Approach）及最終進場（Final Approach）三階段，所以最終進場（Final Approach）是指飛機自進場到著陸（Landing）的最後飛行（進場）階段。

　PS：儀表進場分成初期進場（Initial Approach）、中期進場（Intermediate Approach）及最終進場（Final Approach）三階段。其中，中期進場有時也以在待命航道上盤旋等待進場的方式，稱為盤旋進場（Circling Approach）。相對於此，若飛機不進行盤旋，而直接進入最終進場的方式，則稱為直線進場（Straight-In Approach）。而依進場方式情況的不同，有時也省略初期進場及中期進場。

（八）Landing：所謂 Landing 的中文意義是降落，它是指飛機飛進機場，將襟翼放到降落型態的位置，並放下起落架，一邊維持 2.5~3°的進入角，以規定的航速飛到跑道端上方 50ft（15m）之高度，將機首拉高以減低下沉速度，降落，到完全停機為止的飛行階段。

三、（一）請繪圖說明何謂低空風切（Low-Level Wind Shear 或稱微風爆 Microburst）？（10分）

　　（二）以基本的三維升力方程式說明飛機飛入低空風切前、後對升力的影響？與可能發生之狀況？（10分）

解答

（一）如圖所示，低空風切（Low-Level Wind Shear 或稱微風爆 Microburst）是指在離地約 600 m 高度以下風速在水平和垂直方向的突然變化情形，低空風切能夠對飛機空速產生很大的影響，致使飛機的姿態和高度發生突然變化，在低高度時，其所造成的影響有時是具災難性的，因此被國際航空界公認為是飛機起飛和著陸階段的一個重要危險因素。

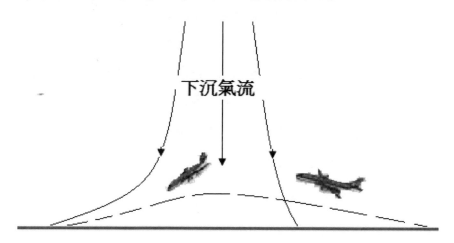

（二）

1. 基本的三維升力方程式為 $C_L = \dfrac{2\pi \sin(\alpha + \dfrac{2h}{c})}{1 + \dfrac{2}{AR}}$

2. 飛機飛入低空風切前、後如上圖所示，低空風切會造成飛機攻角變小，使飛機的升力變小。它會造成飛機的姿態和高度發生突然變化。特別是在飛機起降落時，容易令飛機觸地，造成飛安事件。

一、低空風切（Low-Level Wind Shear 或稱微風爆 Microburst）的形成原因

二、低空風切的危害。

三、影響飛航之有害風因。

四、有限機翼升力理論（三維機翼升力理論）。

五、二維機翼升力理論。

六、薄翼理論。

四、（一）請繪圖說明戰鬥機於飛行時，G 力（G Force）是如何產生的？（5 分）

（二）請列舉兩種設備或設計可協助戰鬥機飛行員抵抗 G 力。（5 分）

（三）請以離心力公式說明戰鬥機於何種狀況的 G 力會更大？（10 分）

解答

（一）當飛機改變慣性，如加減速或是進行非直線動作時即會產生正或負的 G 力。在航空界中，我們定義 1G 定義為航空機在海平面飛行時的升力和受到地球引力而往下吸引的力量相平衡時的值，一般而言，我們定義 G 力為飛機所承受的加速度與重力加速度的比值。如圖所示，當戰鬥機在作一曲線或轉圈時，即會產生 G 力。

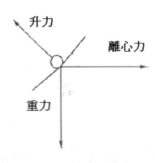

（二）到目前為止，協助戰鬥機飛行員抵抗 G 力的方法計有：

1. 抗 G 衣：目前最有效也最普遍的減緩方式是抗 G 衣，當高正 G 力產生時，飛行員所穿著的抗 G 衣即會在四肢充氣增加壓力藉以逼使血液迴流至腦部。

2. 自我監測微調或利用液壓控制：一般的抗 G 衣會因手部末端充氣而導致無法精準操控，因此部分新式抗 G 衣增加自我監測微調或利用液壓而達到精準的血液流量控制。

3. 盡量避免大動作飛行：如上所述，當飛機改變慣性進行大動作的飛行，即會產生很大的 G 力(正 G 力或負 G 力)，所以盡量避免大動作飛行可以避免飛機飛行時機體與人員的危害。事實上民航機進行大動作飛行的時機幾乎是沒有，而戰鬥機多發生在迎敵纏鬥或躲避飛彈的時刻，才會進行大動作的飛行。

4. 動態恢復：動態恢復是現在正研究的一種輔助方式，系統隨時監測飛行員的生理狀態，當飛行員陷入昏厥時系統自動接手飛行器，將飛行器校正至 G 力較小的狀態，同時利用刺激裝置（電擊、嗅覺……）使飛行員清醒。

（三）因為飛機在做鉛垂上升的圓周運動時，離心力最大，機翼所承受的負載為重力加上離心力，所以飛機在做鉛垂上升的圓周運動時的 G 力為最大，

其值為：$\dfrac{W + \dfrac{WV_\infty^2}{Rg}}{W} = 1 + \dfrac{V_\infty^2}{Rg}$

衍生出的問題

一、G 力的定義與正負。
二、G 力所造成的影響。
三、負載因子（Load Factor；LF）或 G 力的計算。

五、請說明：

（一）飛機於冰雪天氣起飛時，機身與機翼積雪所衍生之狀況與危險（10 分）
（二）飛機於濕冷高空巡航時，機翼前緣結冰所衍生之狀況與危險。（10 分）

（一）不論在空中或是地面，冰或雪附著在機身及機翼上時，會對飛機的操作造成極大的負面影響。飛機之所以能夠在空中飛行，除了要靠發動機提供推力外，最主要的就是要由機翼產生升力。然而當機翼被積雪或積冰覆蓋時，機翼平滑的氣動力外形就會遭到破壞。原本流經機翼的平順氣流，會因此而形成亂流，在升力驟降，重量增加的情況下，飛機的操控會變得十分困難。機身積雪亦是如此，它會造成飛機的氣動力外形遭到破壞以及重量增加的情況，所以在起飛時，機身與機翼積雪會造成飛機起飛的操控困難，導致飛安事件的發生。

（二）飛機在濕冷高空巡航時，機翼前緣結冰，亦會使原本流經機翼的平順氣流，產生升力驟降以及重量驟增加的情況；若是在左右兩側的機翼，所形成的積冰重量或形態有顯著的差異，就會造成兩翼升力的不同，不但會導致飛機姿態產生滾轉（Roll），亦可能會引發偏航（Yaw）。當飛機姿態的變化量過大，而飛機的控制翼面，如副翼（Ailerons）、方向舵（Rudder）、升降舵（Elevators）等，即使以最大的操控量，仍無法克服姿態的變化時，飛機便會失控，最終可能會進入失速或超速狀態且無法改出。

衍生出的問題

一、結構積冰對飛行的影響。
二、發動機進氣道及壓縮機葉片積冰的影響。
三、積冰對飛航儀器的影響。
四、天線積冰對飛航的影響。
五、風擋積冰對飛航的影響。
六、起落架裝置結冰對飛航的影響。
七、在地面積冰對飛航的影響。

應用科學類　PB0020

航空工程（飛行原理）概論與解析

作　　者 / 陳大達（筆名：小瑞老師）
責任編輯 / 黃姣潔
圖文排版 / 王思敏
封面設計 / 王嵩賀

發 行 人 / 宋政坤
法律顧問 / 毛國樑　律師
出版發行 / 秀威資訊科技股份有限公司
　　　　　114 台北市內湖區瑞光路 76 巷 65 號 1 樓
　　　　　電話：+886-2-2796-3638　傳真：+886-2-2796-1377
　　　　　http://www.showwe.com.tw
劃撥帳號 / 19563868　戶名：秀威資訊科技股份有限公司
　　　　　讀者服務信箱：service@showwe.com.tw
展售門市 / 國家書店（松江門市）
　　　　　104 台北市中山區松江路 209 號 1 樓
　　　　　電話：+886-2-2518-0207　傳真：+886-2-2518-0778
網路訂購 / 秀威網路書店：http://www.bodbooks.com.tw
　　　　　國家網路書店：http://www.govbooks.com.tw

2013 年 5 月 BOD 一版
定價：450 元
版權所有　翻印必究
本書如有缺頁、破損或裝訂錯誤，請寄回更換

國家圖書館出版品預行編目

航空工程（飛行原理）概論與解析 / 陳大達著. -- 一版. --
臺北市 ：秀威資訊科技, 2013.05
　　面 ；　　公分. -- (應用科學類 ; PB0020)
BOD 版
ISBN 978-986-326-099-8(平裝)

1. 飛行　2. 航空力學

447.55　　　　　　　　　　　　　　　　　　　　102006272

讀 者 回 函 卡

感謝您購買本書，為提升服務品質，請填妥以下資料，將讀者回函卡直接寄回或傳真本公司，收到您的寶貴意見後，我們會收藏記錄及檢討，謝謝！
如您需要了解本公司最新出版書目、購書優惠或企劃活動，歡迎您上網查詢或下載相關資料：http:// www.showwe.com.tw

您購買的書名：＿＿＿＿＿＿＿＿＿＿＿＿＿＿＿＿＿＿＿＿＿＿＿

出生日期：＿＿＿＿＿年＿＿＿＿＿月＿＿＿＿＿日

學歷：□高中 (含) 以下　　□大專　　□研究所 (含) 以上

職業：□製造業　□金融業　□資訊業　□軍警　□傳播業　□自由業
　　　□服務業　□公務員　□教職　　□學生　□家管　　□其它＿＿＿＿

購書地點：□網路書店　□實體書店　□書展　□郵購　□贈閱　□其他

您從何得知本書的消息？

　　□網路書店　□實體書店　□網路搜尋　□電子報　□書訊　□雜誌
　　□傳播媒體　□親友推薦　□網站推薦　□部落格　□其他＿＿＿＿＿＿

您對本書的評價：（請填代號　1.非常滿意　2.滿意　3.尚可　4.再改進）

　　封面設計＿＿＿　版面編排＿＿＿　內容＿＿＿　文／譯筆＿＿＿　價格＿＿＿

讀完書後您覺得：

　　□很有收穫　□有收穫　□收穫不多　□沒收穫

對我們的建議：＿＿＿＿＿＿＿＿＿＿＿＿＿＿＿＿＿＿＿＿＿＿＿

＿＿＿＿＿＿＿＿＿＿＿＿＿＿＿＿＿＿＿＿＿＿＿＿＿＿＿＿＿＿＿

＿＿＿＿＿＿＿＿＿＿＿＿＿＿＿＿＿＿＿＿＿＿＿＿＿＿＿＿＿＿＿

＿＿＿＿＿＿＿＿＿＿＿＿＿＿＿＿＿＿＿＿＿＿＿＿＿＿＿＿＿＿＿

請貼
郵票

姓　　名：＿＿＿＿＿＿＿＿＿　年齡：＿＿＿＿　性別：□女　□男

郵遞區號：□□□□□

地　　址：＿＿＿＿＿＿＿＿＿＿＿＿＿＿＿＿＿＿＿

聯絡電話：(日) ＿＿＿＿＿＿＿＿＿＿　(夜) ＿＿＿＿＿＿＿＿＿＿

E-mail：＿＿＿＿＿＿＿＿＿＿＿＿＿＿＿＿＿＿＿